国家示范性高职院校建设项目成果
中国电子教育学会推荐教材
全国高职高专院校规划教材·精品与示范系列

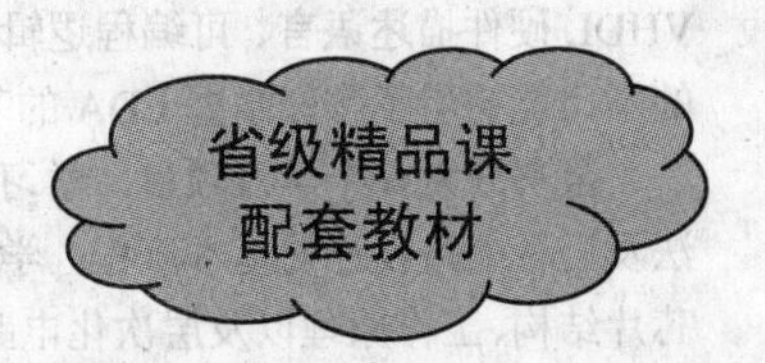

CPLD/FPGA 技术应用

王 芳 主编

王 燕 代红艳 参编

電子工業出版社
Publishing House of Electronics Industry
北京·BEIJING

内容简介

本书按照最新的职业教育教学改革要求，结合国家示范院校建设项目成果，以及作者多年的校企合作经验编写。全书采用教、学、练一体化教学模式，以提高实际工程应用能力为目的，将 EDA 技术基本知识、VHDL 硬件描述语言、可编程逻辑器件、开发软件应用等相关知识贯穿于多个实际案例中，使读者通过本书的学习能初步了解和掌握 EDA 的基本内容及实用技术。

全书分为 6 个学习项目。学习项目 1 通过译码器的设计，简要介绍 EDA 技术的基本知识、原理图输入法及进行电路设计的基本流程；学习项目 2 通过频率计的设计，介绍可编程逻辑器件（CPLD 与 FPGA）的芯片结构、工作原理以及层次化电路原理图输入方法；学习项目 3 通过数据选择器的设计与应用，介绍 VHDL 硬件描述语言程序的基本结构与文本法电路设计软件使用流程；学习项目 4～6 通过全加器、寄存器、计数器等电路模块设计，分别介绍相关的 VHDL 语法及编程技巧等。

本书为高职高专院校电子信息类、计算机类、自动化类、机电类等专业的教材，也可作为应用型本科、成人教育、自学考试、电视大学、中职学校、培训班等相关课程的教材，同时也是电子工程技术人员的一本好参考书。

本书配有免费的电子教学课件、练习题参考答案和精品课链接网址，详见前言。

图书在版编目（CIP）数据

CPLD/FPGA 技术应用/王芳主编．—北京：电子工业出版社，2011.11
全国高职高专院校规划教材·精品与示范系列
ISBN 978-7-121-14763-0

Ⅰ. ①C… Ⅱ. ①王… Ⅲ. ①可编程序逻辑器件－系统设计－高等职业教育－教材 Ⅳ. ①TP332.1

中国版本图书馆 CIP 数据核字（2011）第 203715 号

策划编辑：陈健德（E-mail：chenjd@phei.com.cn）
责任编辑：刘 凡
印　　刷：
　　　　　北京市李史山胶印厂
装　　订：
出版发行：电子工业出版社
　　　　　北京市海淀区万寿路 173 信箱　邮编 100036
开　　本：787×1 092　1/16　印张：10.75　字数：275 千字
印　　次：2011 年 11 月第 1 次印刷
印　　数：3 000 册　定价：21.00 元

凡所购买电子工业出版社图书有缺损问题，请向购买书店调换。若书店售缺，请与本社发行部联系，联系及邮购电话：（010）88254888。

质量投诉请发邮件至 zlts@phei.com.cn，盗版侵权举报请发邮件至 dbqq@phei.com.cn。

服务热线：（010）88258888。

职业教育　继往开来（序）

自我国经济在 21 世纪快速发展以来，各行各业都取得了前所未有的进步。随着我国工业生产规模的扩大和经济发展水平的提高，教育行业受到了各方面的重视。尤其对高等职业教育来说，近几年在教育部和财政部实施的国家示范性院校建设政策鼓舞下，高职院校以服务为宗旨、以就业为导向，开展工学结合与校企合作，进行了较大范围的专业建设和课程改革，涌现出一批示范专业和精品课程。高职教育在为区域经济建设服务的前提下，逐步加大校内生产性实训比例，引入企业参与教学过程和质量评价。在这种开放式人才培养模式下，教学以育人为目标，以掌握知识和技能为根本，克服了以学科体系进行教学的缺点和不足，为学生的顶岗实习和顺利就业创造了条件。

中国电子教育学会立足于电子行业企事业单位，为行业教育事业的改革和发展，为实施“科教兴国”战略做了许多工作。电子工业出版社作为职业教育教材出版大社，具有优秀的编辑人才队伍和丰富的职业教育教材出版经验，有义务和能力与广大的高职院校密切合作，参与创新职业教育的新方法，出版反映最新教学改革成果的新教材。中国电子教育学会经常与电子工业出版社开展交流与合作，在职业教育新的教学模式下，将共同为培养符合当今社会需要的、合格的职业技能人才而提供优质服务。

近期由电子工业出版社组织策划和编辑出版的“全国高职高专院校规划教材·精品与示范系列”，具有以下几个突出特点，特向全国的职业教育院校进行推荐。

(1) 本系列教材的课程研究专家和作者主要来自于教育部和各省市评审通过的多所示范院校。他们对教育部倡导的职业教育教学改革精神理解得透彻准确，并且具有多年的职业教育教学经验及工学结合、校企合作经验，能够准确地对职业教育相关专业的知识点和技能点进行横向与纵向设计，能够把握创新型教材的出版方向。

(2) 本系列教材的编写以多所示范院校的课程改革成果为基础，体现重点突出、实用为主、够用为度的原则，采用项目驱动的教学方式。学习任务主要以本行业工作岗位群中的典型实例提炼后进行设置，项目实例较多，应用范围较广，图片数量较大，还引入了一些经验性的公式、表格等，文字叙述浅显易懂。增强了教学过程的互动性与趣味性，对全国许多职业教育院校具有较大的适用性，同时对企业技术人员具有可参考性。

(3) 根据职业教育的特点，本系列教材在全国独创性地提出“职业导航、教学导航、知识分布网络、知识梳理与总结”及“封面重点知识”等内容，有利于老师选择合适的教材并有重点地开展教学过程，也有利于学生了解该教材相关的职业特点和对教材内容进行高效率的学习与总结。

(4) 根据每门课程的内容特点，为方便教学过程对教材配备相应的电子教学课件、习题答案与指导、教学素材资源、程序源代码、教学网站支持等立体化教学资源。

职业教育要不断进行改革，创新型教材建设是一项长期而艰巨的任务。为了使职业教育能够更好地为区域经济和企业服务，我们殷切希望高职高专院校的各位职教专家和老师提出建议，共同努力，为我国的职业教育发展尽自己的责任与义务！

中国电子教育学会

随着电子技术的不断发展与进步，电子系统的设计方法发生了很大的变化。基于 EDA 技术的设计方法正在成为电子系统设计的主流，EDA 技术已成为电子行业许多职业岗位必需的一门重要技术。高职高专院校多个专业的学生必须要学习和掌握这门课程的基本知识与技能。

本书按照最新的职业教育教学改革要求，结合国家示范院校建设项目成果，本着“理论够用、突出应用”的宗旨，在作者多年校企合作经验的基础上进行编写。在编写过程中，着重总结近年来不同院校、不同专业 EDA 技术课程的教学经验，力求在内容、结构、理论教学与实践教学等方面，充分体现高职教育的特点和内容先进性。与同类书相比，本书具有以下特点。

1．教、学、做相结合，将理论与实践融于一体

EDA 技术及其应用是一门应用性很强的课程，我们在多年的教学过程中，一直采用教、学、做相结合的教学模式，效果良好。这种经验充分反映在本书内容章节的安排上，可以看出在整个课程中将理论与实验融于一体。书中每个章节从最基本的应用实例出发，由实际问题入手引出相关知识和理论。此外，本书还在各个章节安排了针对性较强的实验与实践项目，保证理论与实践教学同步进行。

2．理论以够用为度，着眼于应用技能培养

考虑到高等职业教育的特点，本书在编写时按照贴近目标，保证基础，面向更新，联系实际，突出应用，以“必需、够用”为度的原则，突出重点，注重培养学生的操作技能和分析问题、解决问题的能力。书中对 EDA 技术的基本理论、EDA 工具 QuartusⅡ 的使用方法、VHDL 知识、CPLD 与 FPGA 开发技术等内容进行了必要的阐述，没有安排一些烦琐的器件工作原理分析等内容。同时，本书十分注重 EDA 技术在实际中的应用，列举了大量应用实例，介绍利用 CPLD/FPGA 器件设计制作数字系统的步骤和方法，使学生能借助基本内容，举一反三，灵活应用。

3．内容安排合理，注重 VHDL 语言的快速掌握

一般来说，EDA 技术的学习难点在于 VHDL 语言。对此，本书基于高职教育的特点，在内容安排上放弃流行的计算机语言的教学模式，而以电子线路设计为基点，从实例的介绍中引出 VHDL 语句语法内容，通过一些简单、直观、典型的实例，将 VHDL 中最核心、最基本的内容解释清楚，使学生能在很短的时间内有效地把握 VHDL 的主干内容，而不必花大量的时间去“系统地”学习语法。

本书由王芳主编和统稿，王燕、代红艳参与编写。其中，王燕编写学习项目 1～2；王芳编写学习项目 3～6；代红艳负责各项目逻辑功能分析部分。杭州康芯电子有限公司为本书内容的设计与编写提出了很多宝贵的意见。

现代电子设计技术是发展的，相应的教学内容和教学方法也应不断改进，其中一定有许多问题值得深入探讨。我们真诚地欢迎读者对书中的错误与有失偏颇之处给予批评指正。

为了方便教师教学及学生学习，本书配有免费的电子教学课件、习题参考答案，请有需要的教师及学生登录华信教育资源网（http://www.hxedu.com.cn）免费注册后再进行下载，有问题时请在网站留言板留言或与电子工业出版社联系（E-mail:hxedu@phei.com.cn）。读者也可通过该精品课链接网址（http://jp.zime.edu.cn:8080/2010/cpld/3jxnr/3_1.htm）浏览和参考更多的教学资源。

编　者

目 录

学习项目 1 译码器设计应用

教学导航 1

理论知识	EDA 技术发展历史、特点、发展趋势		
技能	熟悉 QuartusⅡ开发环境搭建的基本方法，学生应能够独立创建工程，掌握目标芯片的配置方法；熟悉原理图输入、编译、仿真的方法；熟悉硬件测试方法；最终完成译码器应用项目		
活动设计	（1）EDA 技术现状介绍　（2）开发工具介绍 （3）译码器应用分析　（4）QuartusⅡ原理图输入设计导向 （5）活动评测及小结		
教学过程	**教学内容**	**教学方法**	**建议学时**
（1）相关背景知识	（1）EDA 技术的发展历史 （2）EDA 技术的特点 （3）EDA 开发工具	讲授法 案例教学法	2
（2）译码器应用分析	（1）逻辑功能分析 （2）产品应用分析	小组讨论法 问题引导法	1
（3）制定设计方案，实现译码器	（1）编辑文件　（2）创建工程 （3）目标芯片配置 （4）编译　（5）仿真 （6）硬件测试	练习法 现场分析法	5
（4）应用水平测试	（1）总结项目实施过程中的问题和解决方法 （2）完成项目测试题，进行项目实施评价	问题引导法	2

1.1 EDA 技术的特点与发展趋势

随着数字集成技术的飞速发展，数字系统的规模和技术复杂度也在急剧增长，人工设计数字系统变得十分困难，必须依靠 EDA（Electronic Design Automation，电子设计自动化）技术。用 EDA 技术设计数字系统的实质是一种自顶向下的分层设计方法。在每一层次上，都有描述、划分、综合和验证四种类型的工作。描述是把系统设计输入 EDA 软件的过程，它可以采用图形输入、硬件描述语言或二者混合使用的方法输入。整个设计过程只有该部分由设计者完成，划分、综合和验证则由 EDA 软件平台自动完成。这样做极大地简化了设计工作，提高了效率。因此，EDA 技术设计数字系统的方法得到了越来越广泛的应用。

1.1.1 EDA 技术的发展历史

正因为 EDA 技术丰富的内容以及与电子技术各学科领域的相关性，其发展历史同大规模集成电路设计技术、计算机辅助工程、可编程逻辑器件以及电子设计技术和工艺的发展是同步的。根据过去近 30 年的电子技术的发展历程，可大致将 EDA 技术的发展分为三个阶段。

20 世纪 70 年代，在集成电路制作方面，MOS 工艺已得到广泛的应用。可编程逻辑技术及其器件已经问世，计算机作为一种运算工具已在科研领域得到广泛应用。而在后期，CAD 的概念已见雏形。在这一阶段人们开始利用计算机取代手工劳动，辅助进行集成电路板图编辑、PCB 布局布线等工作。

20 世纪 80 年代，集成电路设计进入了 CMOS（互补场效应管）时代。复杂可编程逻辑器件已进入商业应用，相应的辅助设计软件也已投入使用。而在 80 年代末，出现了 FPGA；CAE 和 CAD 技术的应用更为广泛，它们在 PCB 设计方面的原理图输入、自动布局布线与 PCB 分析，以及逻辑设计、逻辑仿真、布尔方程综合和化简等方面发挥了重要的作用。特别是各种硬件描述语言的出现、应用和标准化方面的重大进步，为电子设计自动化必须解决的电子线路建模、标准文档及仿真测试奠定了基础。

进入 20 世纪 90 年代，随着硬件描述语言的标准化得到进一步的确立，计算机辅助工程、辅助分析和辅助设计在电子技术领域获得更加广泛的应用。与此同时，电子技术在通信、计算机及家电产品生产中的市场需求和技术需求，极大地推动了全新的电子设计自动化技术的应用和发展。特别是集成电路设计工艺步入超深亚微米阶段、百万门以上的大规模可编程逻辑器件的陆续面世，以及基于计算机技术的面向用户的低成本大规模 ASIC 设计技术的应用，都促进了 EDA 技术的形成。更为重要的是，各 EDA 公司致力于推出兼容各种硬件实现方案和支持标准硬件描述语言的 EDA 工具软件，这些都有效地将 EDA 技术推向成熟和实用。

EDA 技术在进入 21 世纪后，得到了更大的发展，突出表现在以下几个方面：

（1）在 FPGA 上实现 DSP（数字信号处理）应用成为可能，用纯数字逻辑进行 DSP 模块的设计，使得高速 DSP 实现成为现实，并有力地推动了软件无线电技术的实用化和发展。基于 FPGA 的 DSP 技术为高速数字信号处理算法提供了实现途径。

（2）嵌入式处理器软核的成熟，使得SOPC（System On a Programmable Chip）进入大规模应用阶段，在一片FPGA中实现一个完备的嵌入式系统成为可能。

（3）在仿真和设计两方面支持标准硬件描述语言的功能强大的EDA软件不断推出。

（4）EDA技术使得电子领域各学科的界限更加模糊，相互包容：模拟与数字、软件与硬件、系统与器件、ASIC与FPGA、行为与结构等。

（5）基于EDA的用于ASIC设计的标准单元已涵盖大规模电子系统及复杂IP核模块。

（6）软硬IP（Intellectual Property）核在电子行业的产业领域内被广泛应用。

（7）SOC高效低成本设计技术更加成熟。

（8）系统级、行为验证级硬件描述语言的出现（如System C），使复杂电子系统的设计和验证趋于简单。

1.1.2 EDA技术的特点

在传统的数字电子系统或集成电路设计中，手工设计占了较大的比例，复杂电路的设计和调试工作十分困难。对于集成电路设计而言，设计实现过程与具体生产工艺直接相关，因此可移植性很差，而且只有在设计出样机或生产出芯片后才能进行实测。另外，如果某一过程存在错误，查找和修改十分不便。与手工设计相比，EDA技术则有如下特点。

1）采用自顶向下设计方案

从电子系统设计的方案上看，EDA技术最大的优势就是能将所有设计环节纳入统一的自顶向下设计方案中，该设计方案有利于在早期发现结构设计中的错误，提高设计的一次成功率。而在传统的电子设计技术中，由于没有规范的设计工具和表达方式，无法进行这种先进的设计流程。

2）应用硬件描述语言（HDL）描述设计

使用硬件描述语言设计者可以在抽象层次上描述设计结构及其内部特征，这是EDA技术的一个重要特征。硬件描述语言的突出优点是语言的公开可利用性、设计与工艺的无关性、宽范围的描述能力、便于组织大规模系统的设计、便于设计的复用和继承等。多数HDL语言也是文档型的语言，可以方便地存储在硬盘、软盘等介质中，也可以打印到纸张上，极大地简化设计文档的管理工作。

3）能够自动完成仿真和测试

EDA软件设计公司与半导体器件生产厂商共同开发了一些功能库，如逻辑综合时的综合库、版图综合时的版图库、测试综合时的测试库、逻辑模拟时的模拟库等。通过这些库的支持，系统开发者能够完成自动设计。EDA技术还可以在各个设计层次上，利用计算机完成不同内容的仿真，而且在系统级设计结束后，就可以利用EDA软件对硬件系统进行完整的测试。

4）开发技术的标准化和规范化

EDA技术的设计语言是标准化的，不会由于设计对象的不同而改变。EDA技术使用的开发工具也是规范化的，所以EDA软件平台可以支持任何标准化的设计语言，其设计成果具有通用性、可移植性和可测试性，为高效高质的系统开发提供了可靠保证。

5）对工程技术人员的硬件知识和经验要求低

EDA 技术的标准化、硬件描述语言和开发平台对具体硬件的无关性，使设计者能将自己的才智和创造力集中在设计项目性能的提高和成本的降低上，而将具体的硬件实现工作交给 EDA 软件来完成。

1.1.3 EDA 技术的发展趋势

面对如今飞速发展的电子产品市场，设计师需要有更加实用、快捷的 EDA 工具，使用统一的集成化设计环境，改变传统设计思路，将精力集中到设计构思、方案比较和寻找优化设计等方面，需要以最快的速度，开发出性能优良、质量一流的电子产品，于是对 EDA 技术提出了更高的要求。未来的 EDA 技术将在仿真、时序分析、集成电路自动测试、高速印制电路板设计及开发操作平台的扩展等方面取得新的突破，向着功能强大、简单易学、使用方便的方向发展。

1）可编程逻辑器件的发展趋势

可编程逻辑器件已经成为目前世界上最富吸引力的半导体器件，在现代电子系统设计中扮演着越来越重要的角色。过去的几年里，可编程器件市场的增长主要来自大容量的可编程逻辑器件 CPLD 和 FPGA，其未来的发展趋势如下。

（1）高密度、高速度、宽频带：在电子系统的发展过程中，工程师的系统设计理念会受到其能够选择的电子器件的限制，而器件的发展又促进了设计方法的更新。随着电子系统复杂度的提高，高密度、高速度和宽频带的可编程逻辑产品已经成为主流器件，其规模也不断扩大，从最初的几百门到现在的上百万门，有些已具备了片上系统集成的能力。这些高密度、大容量的可编程逻辑器件的出现，给现代电子系统（复杂系统）的设计与实现带来了巨大的帮助。设计方法和设计效率的飞跃，带来了器件的巨大需求，这种需求又促使器件生产工艺不断进步，而每次工艺改进，可编程逻辑器件的规模都将有很大扩展。

（2）在系统可编程：在系统可编程是指程序（或算法）在置入用户系统后仍具有改变其内部功能的能力。采用在系统可编程技术，可以像对待软件那样通过编程来配置系统内硬件的功能，从而在电子系统中引入“软硬件”的全新概念。它不仅使电子系统的设计和产品性能的改进和扩充变得十分简便，还使新一代电子系统具有极强的灵活性和适应性，为许多复杂信号的处理和信息加工的实现提供了新的思路和方法。

（3）可预测延时：在当前的数字系统中，由于数据处理量的激增，要求其具有大的数据吞吐量，加上多媒体技术的迅速发展，要求能够对图像进行实时处理，这就要求有高速的硬件系统。为了保证高速系统的稳定性，可编程逻辑器件的延时可预测性就变得十分重要。用户在进行系统重构的同时，担心的是延时特性会不会因为重新布线而改变，延时特性的改变将导致重构系统的不可靠，这对高速的数字系统而言将是非常可怕的。因此，为了适应未来复杂高速电子系统的要求，可编程逻辑器件的高速可预测延时是非常必要的。

（4）混合可编程技术：可编程逻辑器件为电子产品的开发带来了极大的方便，它的广泛应用使得电子系统的构成和设计方法均发生了巨大的变化。但是有关可编程器件的研究和开发工作多数都集中在数字逻辑电路上，直到 1999 年 11 月，Lattice 公司推出了在系统可编程模拟电路，为 EDA 技术的应用开拓了更广阔的前景。它允许设计者使用开发软件在

计算机中设计、修改模拟电路，进行电路特性仿真，最后通过编程电缆将设计方案下载至芯片中。目前已有多家公司开展了这方面的研究，并且推出了各自的模拟与数字混合型的可编程器件。相信在未来几年里，模拟电路及数模混合电路可编程技术将得到更大的发展。

（5）低电压、低功耗：节能潮流在全世界的兴起，也为半导体工业提出了降低工作电压、降低功耗的发展方向。

2）开发工具的发展趋势

面对当今飞速发展的电子产品市场，电子设计人员需要有更加实用、快捷的开发工具，使用统一的集成化设计环境，改变优先考虑具体物理实现方式的传统设计思路，将精力集中到设计构思、方案比较和寻找优化设计等方面，以最快的速度开发出性能优良、质量一流的电子产品。所以，开发工具的发展趋势如下。

（1）具有混合信号处理能力：由于数字电路和模拟电路的不同特性，模拟集成电路EDA工具的发展远远落后于数字电路EDA开发工具。但是，由于物理量本身多以模拟形式存在，实现高性能复杂电子系统的设计必然离不开模拟信号。20 世纪 90 年代以来，EDA工具厂商都比较重视数模混合信号设计工具的开发。美国 Cadence、Synopsys 等公司开发的EDA工具已经具有了数模混合设计能力，这些EDA开发工具能完成含有模数变换、数字信号处理、专用集成电路宏单元、数模变换和各种压控振荡器在内的混合系统设计。

（2）高效的仿真工具：在整个电子系统设计过程中，仿真是花费时间最多的工作，也是占用 EAD 工具时间最多的一个环节。可以将电子系统设计的仿真过程分为两个阶段：设计前期的系统级仿真和设计过程中的电路级仿真。系统级仿真主要验证系统的功能，如验证设计的有效性等；电路级仿真主要验证系统的性能，决定怎样实现设计，如测试设计的精度、处理和保证设计要求等。要提高仿真的效率，一方面要建立合理的仿真算法；另一方面则要更好地解决系统级仿真中，系统模型的建模和电路级仿真中电路模型的建模技术。在未来的EDA技术中，仿真工具将有较大的发展空间。

（3）理想的逻辑综合、优化工具：逻辑综合功能是将高层次系统行为设计自动翻译成门级逻辑的电路描述，做到了实际与工艺的独立。优化则是对于上述综合生成的电路网表，根据逻辑方程功能等效的原则，用更小、更快的综合结果替代一些复杂的逻辑电路单元，根据指定目标库映射成新的网表。随着电子系统的集成规模越来越大，几乎不可能直接面向电路图做设计，要将设计者的精力从烦琐的逻辑图设计和分析中转移到设计前期算法开发上。逻辑综合、优化工具就是要把设计者的算法完整高效地生成电路网表。

3）系统描述方式的发展趋势

（1）描述方式简便化。20 世纪 80 年代，电子设计开始采用新的综合工具，设计工作由逻辑图设计描述转向以各种硬件描述语言为主的编程方式。用硬件描述语言描述设计，更接近系统行为描述，且便于综合，更适合传递和修改设计信息，还可以建立独立于工艺的设计文件；不便之处是不太直观，要求设计师具有硬件语言编程能力，但是编程能力需要长时间的培养。

到了 20 世纪 90 年代，一些 EDA 公司相继推出了一批图形化的设计输入工具。这些输入工具允许设计师用他们最方便并且最熟悉的设计方式（如框图、状态图、真值表和逻辑方程）建立设计文件，然后由 EDA 工具自动生成综合所需的硬件描述语言文件。图形化的描述方式具有简单直观、容易掌握的优点，是未来主要的发展趋势。

（2）描述方式高效化和统一化。C/C++语言是软件工程师在开发商业软件时的标准语言，也是使用最广泛的一种高级语言。许多公司已经提出了不少方案，尝试在 C 语言的基础上设计下一代硬件描述语言。随着算法描述抽象层次的提高，使用 C/C++语言设计系统的优势将更加明显，设计者可以快速而简洁地构建功能函数，通过标准库和函数调用技术，创建更庞大、更复杂和更高速的系统。

但是，目前的 C/C++语言描述方式与硬件描述语言之间还有一段距离，还有待更多 EDA 软件厂家和可编程逻辑器件公司的支持。随着 EDA 技术的不断成熟，软件和硬件的概念将日益模糊，使用单一的高级语言直接设计整个系统将是一个统一化的发展趋势。

1.2 译码器逻辑功能分析

译码器是能够实现译码功能的电路。译码是编码的逆过程，在编码时，是将一系列高、低电平信号编成二进制代码。译码则是将每个二进制代码所对应的高、低电平信号翻译过来的过程。译码器的种类很多，常用的有二进制译码器、二-十进制译码器和显示译码器。

1.2.1 译码器的逻辑功能

1. 二进制译码器

二进制译码器输入、输出端数之间的关系为：当输入端数为 n 个，输出端数为 2^n 个。常见的中规模集成二进制译码器有 74LS139（双 2 线-4 线译码器）、74LS138（3 线-8 线译码器）、74LS154（4 线-16 线译码器）和 74LS137（带锁存的 3 线-8 线译码器）等。

1）2 线-4 线译码器

2 线-4 线译码器的逻辑图如图 1-1 所示。

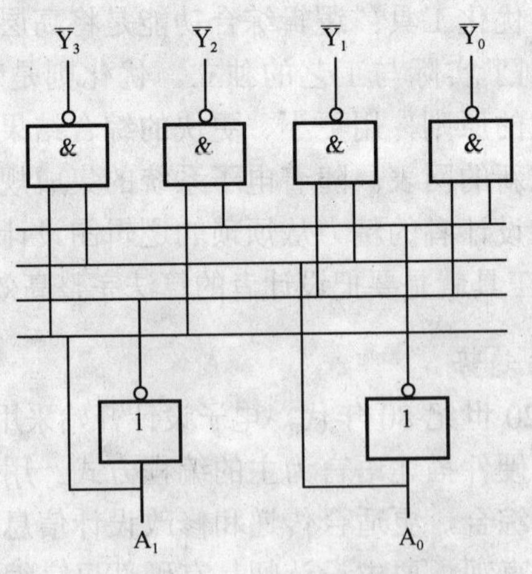

图 1-1　2 线-4 线译码器的逻辑图

由图 1-1 可以看出，该译码器有 2 个信号输入端 A_1、A_0 和 4 个信号输出端 $\overline{Y}_0$、$\overline{Y}_1$、$\overline{Y}_2$、$\overline{Y}_3$，输入信号为 2 位二进制代码，输出信号为 4 个高、低电平信号，又称为 2 线-4 线译码器，其逻辑函数表达式为

$$\begin{cases} \overline{Y}_0 = \overline{\overline{A}_1\,\overline{A}_0} \\ \overline{Y}_1 = \overline{\overline{A}_1\,A_0} \\ \overline{Y}_2 = \overline{A_1\,\overline{A}_0} \\ \overline{Y}_3 = \overline{A_1\,A_0} \end{cases} \tag{1.1}$$

根据式（1.1）可以列出图 1-1 所示 2 线-4 线译码器的真值表，见表 1-1。

表 1-1　2 线–4 线译码器的真值表

A_1	A_0	$\overline{Y}_0$	$\overline{Y}_1$	$\overline{Y}_2$	$\overline{Y}_3$
0	0	0	1	1	1
0	1	1	0	1	1
1	0	1	1	0	1
1	1	1	1	1	0

由表 1-1 可知 2 线-4 线译码器的逻辑功能为：将输入的 2 位二进制代码 00 译成$\overline{Y}_0$的低电平，其余为高电平；将输入的 2 位二进制代码 01 译成$\overline{Y}_1$的低电平，其余为高电平；以此类推……将输入的 2 位二进制代码 11 译成$\overline{Y}_3$的低电平，其余为高电平。

2）3 线-8 线译码器 74LS138

中规模集成 3 位二进制译码器 74LSl38 的逻辑图如图 1-2 所示。

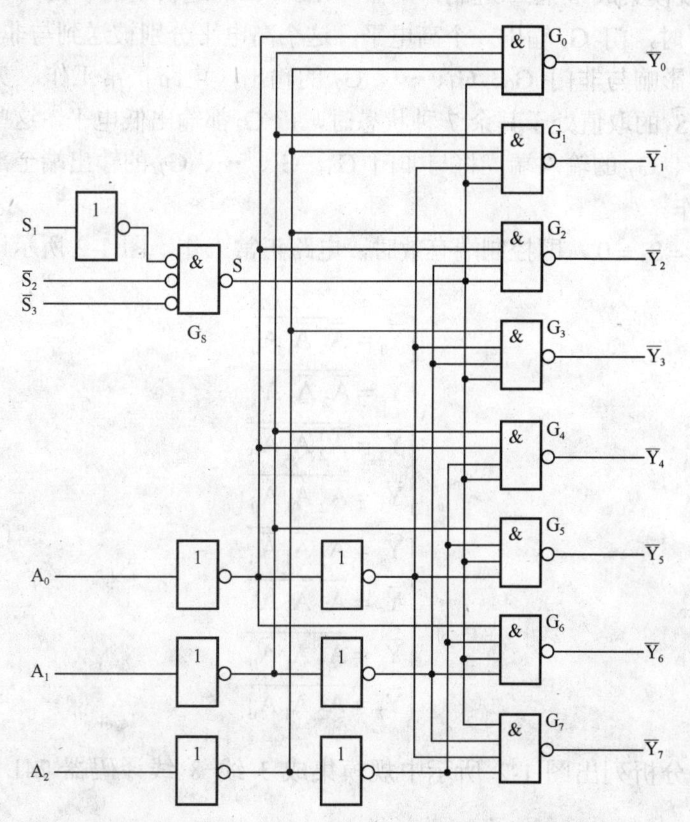

图 1-2　中规模集成 3 位二进制译码器 74LSl38 的逻辑图

由图 1-2 可以看出，该译码器有 3 个控制端 S_1、$\overline{S}_2$、$\overline{S}_3$，3 个信号输入端 A_2、A_1、A_0，以及 8 个信号输出端 $\overline{Y}_0$、$\overline{Y}_1$、$\overline{Y}_2$、$\overline{Y}_3$、$\overline{Y}_4$、$\overline{Y}_5$、$\overline{Y}_6$、$\overline{Y}_7$，输入信号为 3 位二进制代码，输出信号为 8 个高、低电平信号，又称为中规模集成 3 线-8 线译码器。74LSl38 的引脚排列和符号如图 1-3 所示。

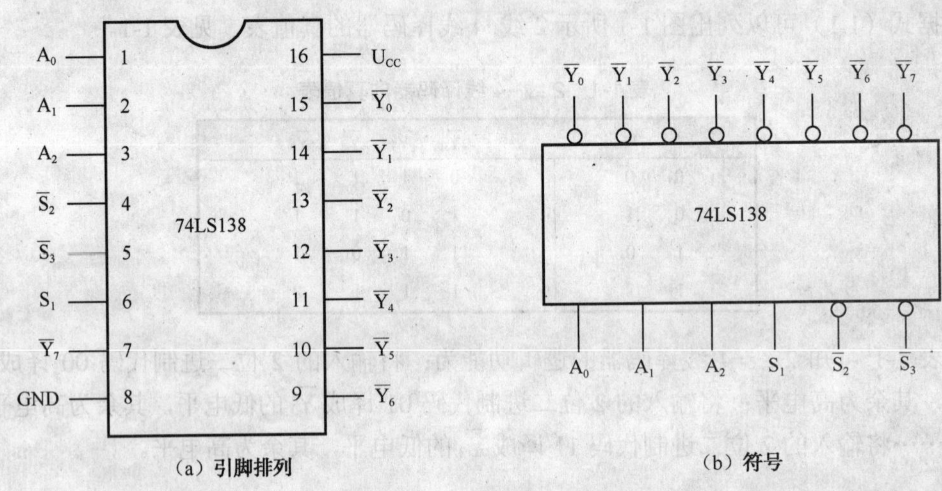

图 1-3　74LSl38 引脚排列和符号

下面分析中规模集成 3 位二进制译码器 74LS138 的逻辑功能。由图 1-2 可以看出，当 $S_1=1$，$\overline{S}_2=\overline{S}_3=0$ 时，门 G_s 输出一个高电平，这个高电平分别被送到与非门 G_0、G_1、…、G_7 的输入端，不影响与非门 G_0、G_1、…、G_7 的输出，电路正常工作，实现译码功能；否则，当 S_1、$\overline{S}_2$、$\overline{S}_3$ 的取值处于其余 7 种状态时，门 G_s 都输出低电平，这些低电平被送到与非门 G_0、G_1、…、G_7 的输入端，将与非门 G_0、G_1、…、G_7 的输出端全部封锁为高电平，电路不能正常工作。

当 $S_1=1$，$\overline{S}_2=\overline{S}_3=0$，即控制端有效时，电路正常工作，图 1-2 所示译码器的输出函数表达式为

$$\begin{cases}\overline{Y}_0=\overline{\overline{A}_2\,\overline{A}_1\,\overline{A}_0}\\ \overline{Y}_1=\overline{\overline{A}_2\,\overline{A}_1\,A_0}\\ \overline{Y}_2=\overline{\overline{A}_2\,A_1\,\overline{A}_0}\\ \overline{Y}_3=\overline{\overline{A}_2\,A_1\,A_0}\\ \overline{Y}_4=\overline{A_2\,\overline{A}_1\,\overline{A}_0}\\ \overline{Y}_5=\overline{A_2\,\overline{A}_1\,A_0}\\ \overline{Y}_6=\overline{A_2\,A_1\,\overline{A}_0}\\ \overline{Y}_7=\overline{A_2\,A_1\,A_0}\end{cases}\tag{1.2}$$

根据上面的分析列出图 1-2 所示中规模集成 3 线-8 线译码器 74LS138 的真值表，见表 1-2。

表 1-2　中规模集成 3 线-8 线译码器 74LS138 的真值表

S_1	$\overline{S}_2+\overline{S}_3$	A_2	A_1	A_0	$\overline{Y}_0$	$\overline{Y}_1$	$\overline{Y}_2$	$\overline{Y}_3$	$\overline{Y}_4$	$\overline{Y}_5$	$\overline{Y}_6$	$\overline{Y}_7$
0	×	×	×	×	1	1	1	1	1	1	1	1
1	1	×	×	×	1	1	1	1	1	1	1	1
1	0	0	0	0	0	1	1	1	1	1	1	1
1	0	0	0	1	1	0	1	1	1	1	1	1
1	0	0	1	0	1	1	0	1	1	1	1	1
1	0	0	1	1	1	1	1	0	1	1	1	1
1	0	1	0	0	1	1	1	1	0	1	1	1
1	0	1	0	1	1	1	1	1	1	0	1	1
1	0	1	1	0	1	1	1	1	1	1	0	1
1	0	1	1	1	1	1	1	1	1	1	1	0

由表 1-2 可以看出：

（1）当 S_1=0，$\overline{S}_2$、$\overline{S}_3$ 为任意电平时，无论输入信号 A_2、A_1、A_0 是 0 还是 1，输出端都被封锁为高电平。

（2）当 S_1=1，$\overline{S}_2$、$\overline{S}_3$ 至少一端输入为 1 时，无论输入信号 A_2、A_1、A_0 是 0 还是 1，输出端都被封锁为高电平。

（3）当 S_1=1，$\overline{S}_2=\overline{S}_3=0$ 时，控制端有效，电路正常工作，实现译码功能。将输入的 3 位二进制代码 000 译成 $\overline{Y}_0$ 的低电平，其余为高电平；将输入的 3 位二进制代码 001 译成 $\overline{Y}_1$ 的低电平，其余为高电平；以此类推……将输入的 3 位二进制代码 111 译成 $\overline{Y}_7$ 的低电平，其余为高电平。

2．显示译码器

在各种数字设备中，往往需要将数字直观地显示出来，最常用的七段字符显示器是半导体数码管和液晶显示器。用于驱动显示器的译码器称为显示译码器。七段显示译码器是用来驱动七段数码管的，常用的七段显示译码器型号有 74LS46、74LS47、74LS48 及 74LS248 等。下面介绍 74LS248 的引脚排列、符号及逻辑功能。

74LS248 是一个 16 引脚的集成器件，除电源、接地端外，有 4 个输入端 A_3、A_2、A_1、A_0，7 个信号输出端 a、b、c、d、e、f、g 和附加控制端 $\overline{LT}$、$\overline{RBI}$、$\overline{BI}/\overline{RBO}$。74LS248 的引脚排列图和符号如图 1-4 所示。

74LS248 的逻辑功能如下所述。

（1）灯测试输入端 $\overline{LT}$。当 $\overline{LT}=0$、$\overline{BI}=1$ 时，不论其他输入端为何种电平，所有的输出端全部输出为“1”，驱动数码管显示数字 8。所以 $\overline{LT}$ 端可以用来测试数码管是否发生故障。正常使用时，$\overline{LT}$ 应处于高电平或悬空。

（2）消隐输入端 $\overline{BI}$。当 $\overline{BI}=0$ 时，不论其他输入端为何种电平，所有的输出端全部输出为“0”，数码管不显示。

（3）灭零输入端 $\overline{RBI}$。当 $\overline{LT}$=1，$\overline{BI}$=1，$\overline{RBI}$=0 时，若 $A_3A_2A_1A_0$=0000，所有的输出端全部输出为“0”，数码管不显示；若 $A_3A_2A_1A_0\neq0000$，显示译码器正常输出。

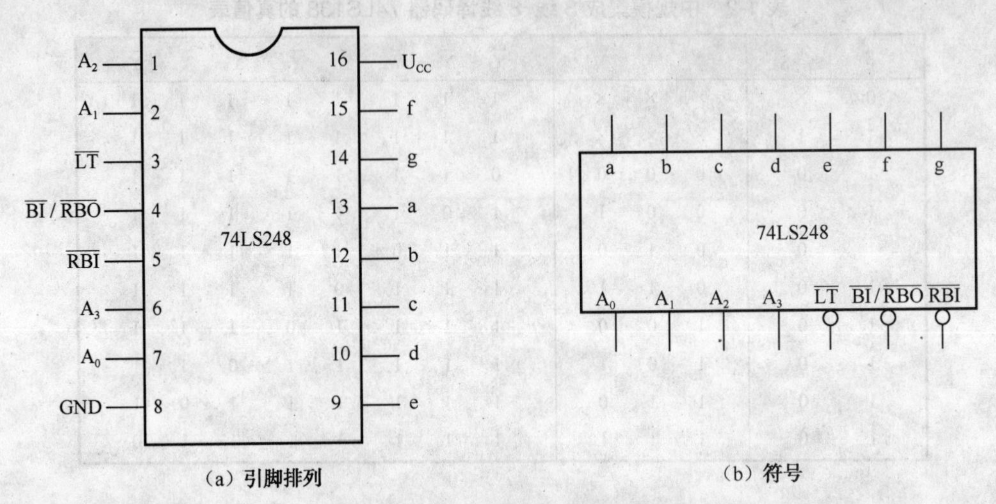

（a）引脚排列　　　　（b）符号

图 1-4　74LS248 引脚排列图和符号

（4）灭零输出端 $\overline{RBO}$。它和灭零输入端配合使用。$\overline{RBI}$=0 且 $A_3A_2A_1A_0$=0000 时，$\overline{RBO}$ 输出为 0，表明译码器处于灭零状态。

（5）正常工作状态下，$\overline{LT}$、$\overline{BI}/\overline{RBO}$ 和 $\overline{RBI}$ 应悬空或接高电平。此时，对应 $A_3A_2A_1A_0$ 的不同取值，在显示译码器的输出端都会得到一组七位二进制代码，用其驱动相应的数码管，数码管就可以显示与输入信号相对应的十进制数。

74LS248 的真值表见表 1-3。

表 1-3　74LS248 的真值表

$\overline{LT}$	$\overline{RBI}$	$\overline{BI}/\overline{RBO}$	A_3	A_2	A_1	A_0	a	b	c	d	e	f	g	功能显示
0	×	1	×	×	×	×	1	1	1	1	1	1	1	灯测
×	×	0	×	×	×	×	0	0	0	0	0	0	0	消隐
1	0	0	0	0	0	0	0	0	0	0	0	0	0	灭零
1	1	1	0	0	0	0	1	1	1	1	1	1	0	0
1	×	1	0	0	0	1	0	1	1	0	0	0	0	1
1	×	1	0	0	1	0	1	1	0	1	1	0	1	2
1	×	1	0	0	1	1	1	1	1	1	0	0	1	3
1	×	1	0	1	0	0	0	1	1	0	0	1	1	4
1	×	1	0	1	0	1	1	0	1	1	0	1	1	5
1	×	1	0	1	1	0	0	0	1	1	1	1	1	6
1	×	1	0	1	1	1	1	1	1	0	0	0	0	7
1	×	1	1	0	0	0	1	1	1	1	1	1	1	8
1	×	1	1	0	0	1	1	1	1	0	0	1	1	9
1	×	1	1	0	1	0	0	0	0	1	1	0	1	
1	×	1	1	0	1	1	0	0	1	1	0	0	1	
1	×	1	1	1	0	0	0	1	0	0	0	1	1	
1	×	1	1	1	0	1	1	0	0	1	0	1	1	
1	×	1	1	1	1	0	0	0	0	1	1	1	1	
1	×	1	1	1	1	1	0	0	0	0	0	0	0	无显示

1.2.2　译码器的扩展及应用

下面以 3 线–8 线译码器 74LSl38 为例，介绍二进制译码器的扩展及应用。

1. 二进制译码器的扩展

用两片 74LSl38 可以构成 4 线–16 线译码器，连接方法如图 1-5 所示。

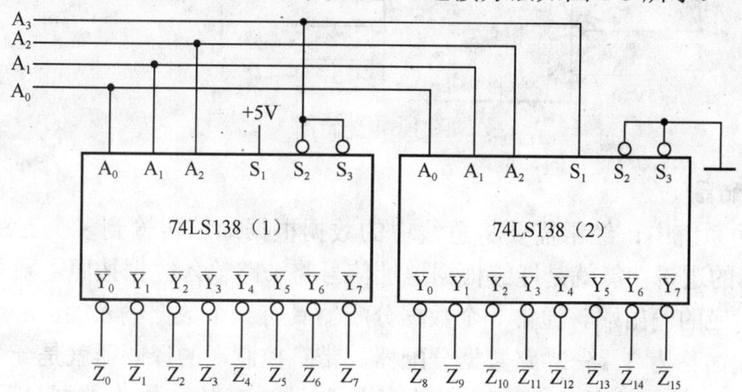

图 1-5　两片 74LS13 线–8 线译码器扩展成 4 线–16 线译码器连线图

A_3、A_2、A_1、A_0 为扩展后电路的信号输入端，$\bar{Z}_{15}\sim\bar{Z}_0$ 为输出端。当输入信号最高位 $A_3=0$ 时，高位芯片被禁止，$\bar{Z}_8\sim\bar{Z}_{15}$ 输出全部为“1”，低位芯片被选中，$\bar{Z}_0\sim\bar{Z}_7$ 输出由 A_2、A_1、A_0 确定；$A_3=1$ 时，低位芯片被禁止，$\bar{Z}_0\sim\bar{Z}_7$ 输出全部为“1”，高位芯片被选中，$\bar{Z}_8\sim\bar{Z}_{15}$ 输出由 A_2、A_1、A_0 确定。

2. 二进制译码器的应用

二进制译码器在数字系统中应用很广泛，常用做函数发生器、数据分配器、顺序脉冲发生器和在计算机中作为地址译码器来选择存储器组及存储单元等。下面介绍二进制译码器的几种应用。

1）函数发生器

用二进制译码器可以实现多输出逻辑函数，具体设计步骤如下：

（1）将待求函数式化成最小项和的形式，并转换成与非–与非式；

（2）画逻辑图。

实例 1-1　用译码器 74LSl38 实现逻辑函数 $F=\overline{AC}+A\overline{BC}+ABC$。

解（1）　将待求函数式化成最小项和的形式，并转换成与非–与非式：

$$
\begin{aligned}
F&=\bar{A}\bar{C}+A\bar{B}\bar{C}+ABC\\
&=\bar{A}\bar{B}\bar{C}+\bar{A}B\bar{C}+A\bar{B}\bar{C}+ABC\\
&=\overline{\overline{\bar{A}\bar{B}\bar{C}}\cdot\overline{\bar{A}B\bar{C}}\cdot\overline{A\bar{B}\bar{C}}\cdot\overline{ABC}}\\
&=\overline{\bar{m}_0\cdot\bar{m}_2\cdot\bar{m}_4\cdot\bar{m}_7}
\end{aligned}
$$

（2）画逻辑图。令变量 A、B、C 分别接译码器 74LSl38 的 A_2、A_1、A_0 端，则上式变为 $F=\overline{\bar{Y}_0\cdot\bar{Y}_2\cdot\bar{Y}_4\cdot\bar{Y}_7}$，逻辑图如图 1-6 所示。

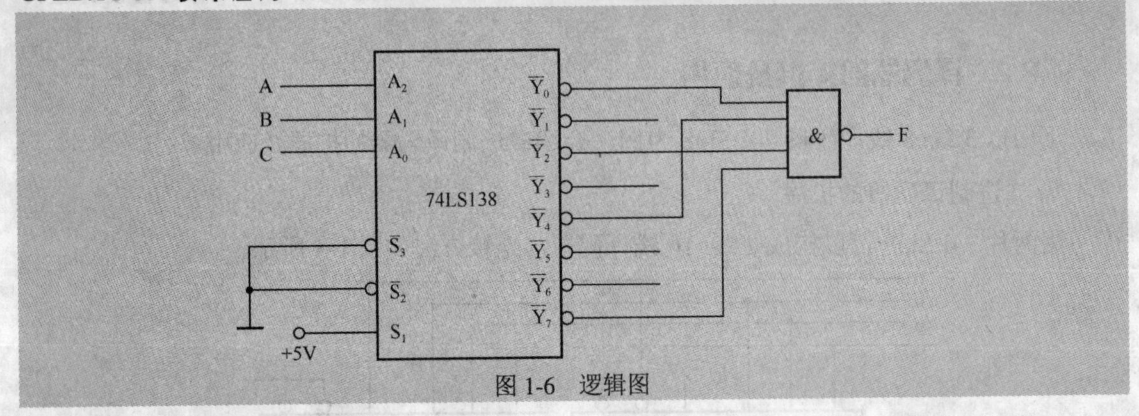

图 1-6 逻辑图

2）数据分配器

在数据传输系统中，经常需要将总线中的数据根据地址传输到多个支路中的某一支路上。数据分配器的逻辑功能就是能够根据地址信号将一路输入数据按照需要分配给多个输出端中的某一个对应的输出端。通常一个数据分配器具有一个数据输入端、n 个地址输入端、2^n 个数据输出端，称为 1 路-2^n 路数据分配器。带有控制端的译码器就是一个完整的数据分配器。若将译码器的一个控制端（令其余的控制端均有效）作为数据分配器的数据输入端、译码器的输入端作为数据分配器的地址输入端，译码器的输出端作为数据分配器的数据输出端，由译码器 74LS138 构成的数据分配器的逻辑图如图 1-7 所示。

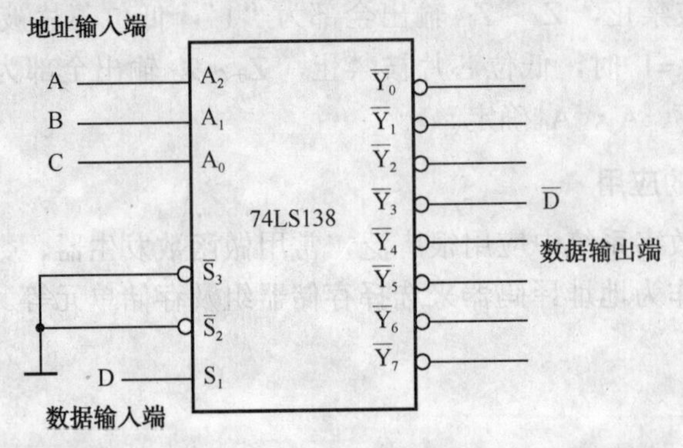

图 1-7 由译码器 74LS138 构成的数据分配器逻辑图

图 1-7 所示的数据分配器中，将 74LS138 的控制端 S_1 作为数据输入端，令其余控制端 $\bar{S}_2$ 和 $\bar{S}_3$ 有效；将 74LS138 的信号输入端 A_2、A_1、A_0 作为地址输入端；并将 74LS138 的信号输出端 $\overline{Y}_0$、$\overline{Y}_1$、…、$\overline{Y}_7$ 作为输出端。这样，该电路就可以把从数据输入端 S_1 送来的数据，根据地址输入端 A_2、A_1、A_0 所指定的地址，送到相应的输出端。例如，当数据输入端 S_1=1、地址输入端 $A_2A_1A_0$=110 时，只有数据输出端 $\overline{Y}_6$ 输出为低电平，其余数据输出端均为高电平，此时相当于该数据分配器将由数据输入端 S_1 送来的数据 1，根据地址输入端 A_2、A_1、A_0 所指定的地址 110，以反码形式分配到相应的数据输出端 $\overline{Y}_6$。

1.3 译码器原理图输入设计

要进行电路设计开发，必须使用开发工具。Quartus II 是 Altera 公司提供的 FPGA/CPLD

开发集成工具。Altera是世界最大可编程逻辑器件供应商之一。

1.3.1 EDA开发软件——QuartusⅡ

QuartusⅡ于21世纪初推出，是Altera前一代CPLD/FPGA集成开发环境MAX+plusⅡ的更新换代产品，界面友好，使用便捷。QuartusⅡ提供了一种与结构无关的设计环境，使设计者能方便地进行设计输入、快速处理和器件编程。

Altera的QuartusⅡ除能完成本节所述的整个流程外，还提供了完整的多平台设计环境，能满足各种特定设计的需要，也是单芯片可编程系统（SOPC）设计的综合性环境和SOPC开发的基本设计工具，并为Altera DSP开发包进行系统模型设计提供了集成综合环境。QuartusⅡ设计工具完全支持VHDL、Verilog的设计流程，其内部嵌有VHDL、Verilog逻辑综合器。QuartusⅡ也可以利用第三方的综合工具，如Leonardo Spectrum、Synplify Pro、FPGA CompilerⅡ，并能直接调用这些工具。同样，QuartusⅡ具备仿真功能，同时也支持第三方的仿真工具，如ModelSim。此外，QuartusⅡ与MATLAB和DSP Builder结合，可以进行基于FPGA的DSP系统开发和数字通信模块的开发。

QuartusⅡ包括模块化的编译器。编译器包括的功能模块有分析/综合器（Analysis & Synthesis）、适配器（Fitter）、装配器（Assembler）、时序分析器（Timing Analyzer）、设计辅助模块（Design Assistant）、EDA网表文件生成器（EDA Netlist Writer）、编辑数据接口（Compiler Database Interface）等。可以通过选择“Start Compilation”来运行所有的编译器模块，也可以通过选择“Start”单独运行各个模块。还可以通过选择“Compiler Tool”（Tools菜单），在“Compiler Tool”窗口中运行该模块来启动编译器模块。在“Compiler Tool”窗口中，可以打开该模块的设置文件或报告文件，或打开其他相关窗口。

此外，QuartusⅡ还包含许多十分有用的LPM（Library of Parameterized Modules）模块，它们是复杂或高级系统构建的重要组成部分，在SOPC设计中被大量使用，也可在QuartusⅡ中与普通设计文件一起使用。Altera提供的LPM函数均基于Altera器件的结构做了优化设计。在许多实用情况中，必须使用宏功能模块才可以使用一些Altera特定器件的硬件功能，如各类片上存储器、DSP模块、LVDS驱动器、PLL以及SERDES和DDIO电路模块等。

QuartusⅡ编译设计主控界面如图1-8所示，它显示了QuartusⅡ自动设计的各主要处理环节和设计流程，包括设计输入编辑、设计分析与综合、适配、编程文件汇编（装配）、时序参数提取以及编程下载几个步骤。下排则是流程框图，是与上面的QuartusⅡ设计流程相对照的标准的EDA开发流程。

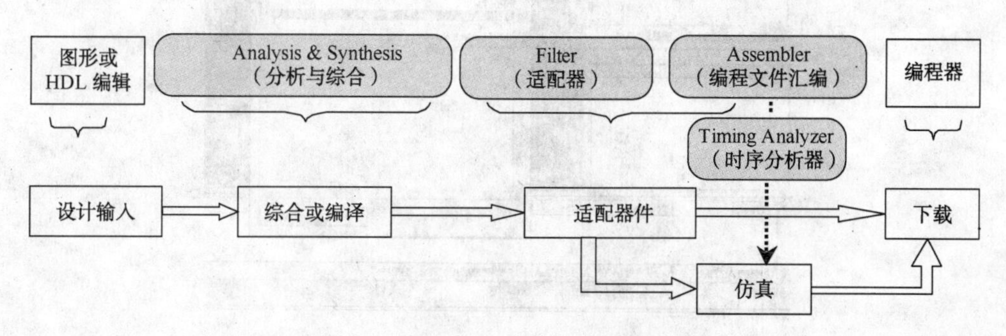

图1-8　QuartusⅡ编译设计主控界面

QuartusⅡ编译器支持的硬件描述语言有 VHDL（支持 VHDL'87 及 VHDL'97 标准）、Verilog HDL 及 AHDL（Altera HDL）。

QuartusⅡ支持层次化设计，可以在一个新的编辑输入环境中对使用不同输入设计方式完成的模块（元件）进行调用，从而解决了原理图与 HDL 混合输入设计的问题。在设计输入之后，QuartusⅡ的编译器将给出设计输入的错误报告。可以使用 QuartusⅡ带有的 RTL Viewer 观察综合后的 RTL 图。

前面已经对译码器的逻辑功能进行了分析，本节就以 2 线-4 线译码器电路的详细设计流程为例介绍 QuartusⅡ的原理图输入设计方法，使学习者初步掌握利用 QuartusⅡ完成数字系统设计的基本方法；在学习项目 2 还将通过示例频率计的设计，进一步介绍较复杂数字系统的原理图输入方法。需要注意的是，以下介绍的设计流程具有一般性，它同样适用于其他输入方法的设计，如基于 HDL 的硬件描述语言的输入设计方法或混合输入设计等方法。

1.3.2 编辑文件

1. 建立工程文件夹

任何一项设计都是一项工程（Project），都必须首先为此工程建立一个放置相关所有设计文件的文件夹。此文件夹将被 EDA 软件默认为工作库。一般，不同的设计项目最好放在不同的文件夹中，而同一工程的所有文件都必须放在同一文件夹中。首先可以利用 Windows 资源管理器来新建一个文件夹。这里假设本项设计的文件夹取名为“decode”，放在 D 盘中，路径为 d:\decode。

2. 新建原理图文件

现在来建立一个新的原理图。

打开 QuartusⅡ，选择菜单命令“File→New”。在“New”窗口的“Device Design Files”页中选择原理图文件类型，这里选择“Block Diagram/Schematic File”，如图 1-9 所示，单击【OK】按钮，然后即可在原理图编辑窗中输入所需的电路元件，如图 1-10 所示。

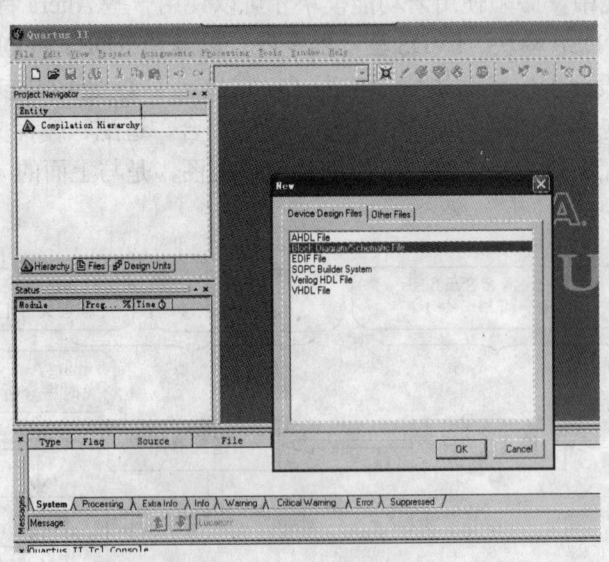

图 1-9 选择编辑文件类型

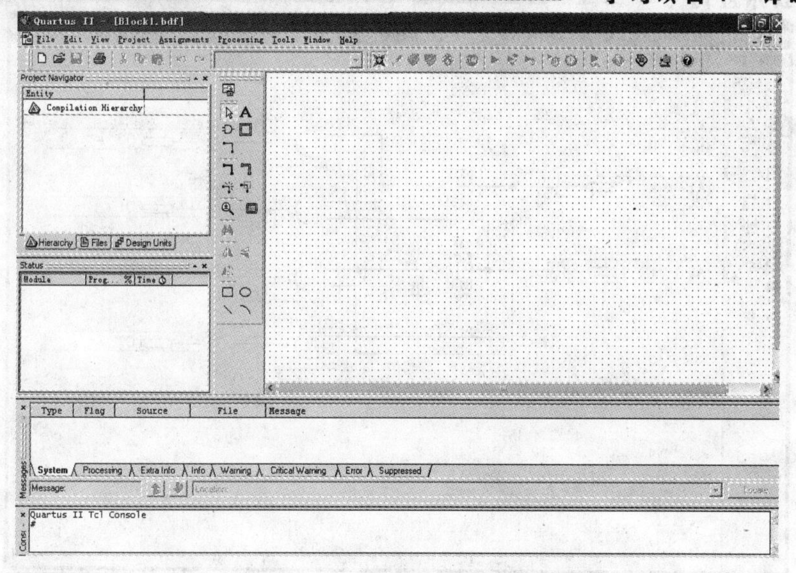

图 1-10　打开原理图编辑窗

3．加入器件

双击图 1-10 所示的原理图编辑窗，将弹出一个逻辑电路器件输入对话框（如图 1-11 所示）。在此对话框的左侧“Name”栏内输入所需元件的名称，在此为“nand 2”。然后单击【OK】按钮，即可将此元件调入编辑窗中。以同样的方法调入 2 个反相器，名称是“NOT”；以及数个输入、输出端口，名称分别是“INPUT”和“OUTPUT”。各器件均可以移动、复制及删除。用鼠标右键单击器件后，在弹出的菜单中选择相应操作即可。

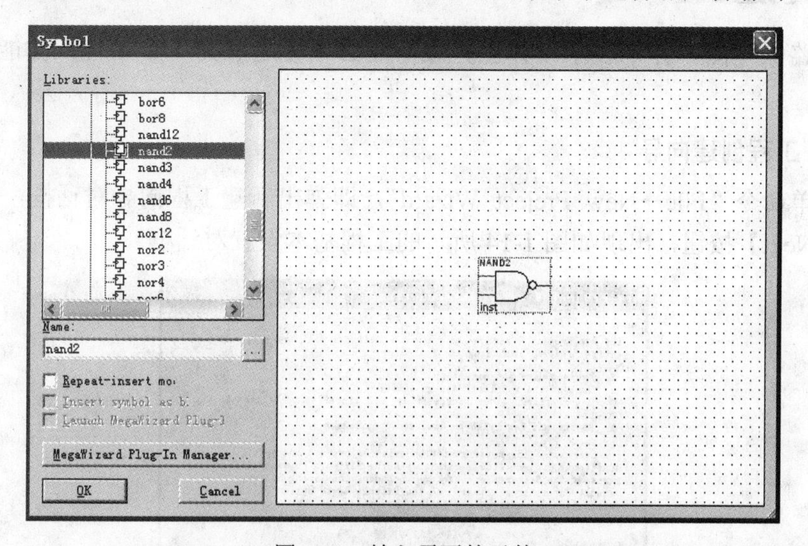

图 1-11　输入需要的元件

4．连接及端口命名

把各个器件放置在合适位置上后，可以将它们按照所需的逻辑功能连接起来。连线有位线与总线的区别，连接时应该注意，完成的电路如图 1-12 所示。输入、输出端口的名称可以通过双击相应端口元件，在弹出的对话框中输入。

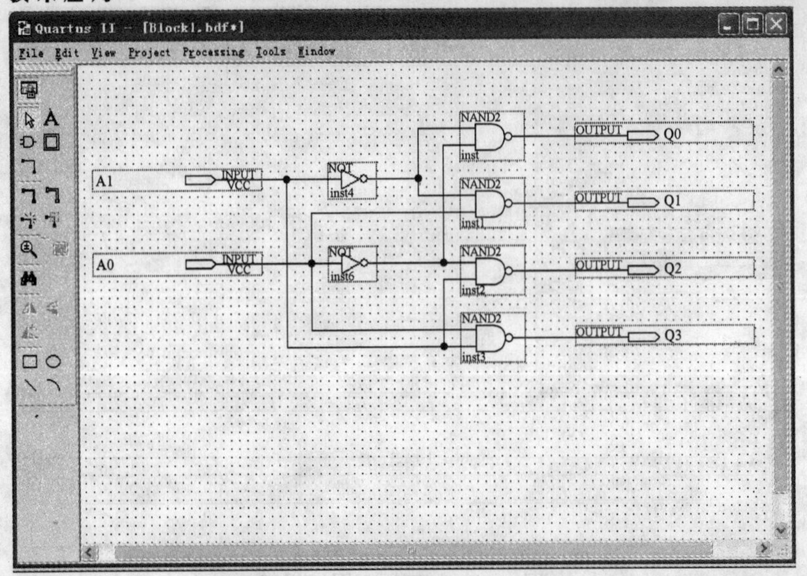

图 1-12　2 线-4 线译码器电路图

5．保存原理图文件

完成原理图输入之后，选择“File→Save As”命令，找到已设立的文件夹路径 d:\decode，存盘文件名为“decode.bdf”。出现问句“Do you want to create…”，若单击【是】按钮，则直接进入创建工程流程；若单击【否】按钮，可按以下方法进入创建工程流程。

1.3.3　创建工程

有了电路原理图，并不表示设计已完成，还必须使之成为一个工程，才能进行编译及仿真等操作。

1．打开工程创建向导

选择菜单命令“File→New Preject Wizard”，即弹出新建工程向导对话框，如图 1-13 所示。单击【Next】按钮，出现如图 1-14 所示的工程基本设置对话框。

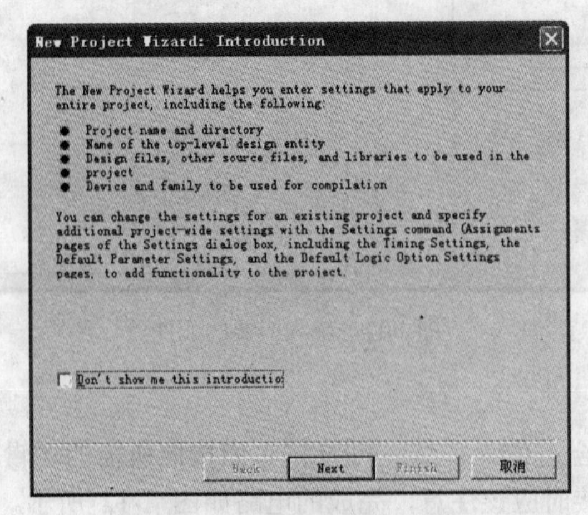

图 1-13　新建工程向导

2. 设置工程及顶层文件的名字

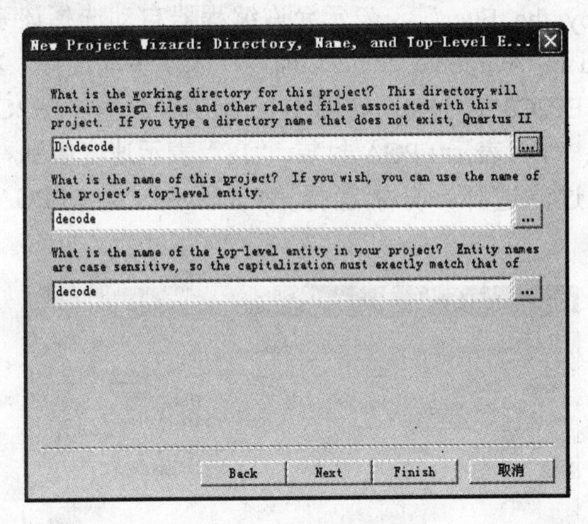

图 1-14 工程基本设置

单击如图 1-14 所示对话框第一栏右侧的“...”按钮，找到文件夹 d:\decode，选中已存盘的文件 decode.bdf（一般应该设顶层设计文件为工程）。再单击【打开】按钮，即出现如图 1-14 所示的设置情况。其中，第一行的“d:\decode”表示工程所在的工作库文件夹；第二行的“decode”表示此项工程的工程名；第三行是当前工程顶层文件的实体名。

3. 加入该工程的文件

单击下方的【Next】按钮，在弹出的对话框中加入与本工程有关的文件。工程文件加入的方法有两种：第一种是单击【Add All】按钮，将设定的工程目录中的所有相关文件加入到工程文件栏中；第二种方法是单击【Add...】按钮，从工程目录中选出相关的文件。完成后如图 1-15 所示。

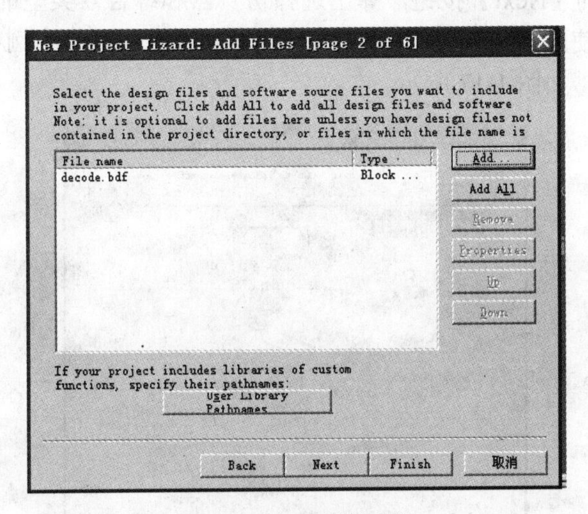

图 1-15 加入设计文件

4. 选择目标芯片

单击图 1-15 中的【Next】按钮，根据系统需要选择目标芯片。首先在“Family”栏选

择芯片系列，在此选“Cyclone II ”系列。在此栏下方，询问选择目标器件的方式，选“Auto device selected by the Fiter”，表示允许编程器自动选择该系列中的一个器件：选“Specific device selected in 'Available devices'list”，表示手动选择。本例采用手动选择。选择此系列的具体芯片为 EP2C35F484I8，如图 1-16 所示。这里“EP2C35”表示 Cyclone II 系列及此器件的逻辑规模；“F”表示 FPGA 封装；“I8”表示速度级别。也可通过图 1-16 所示窗口右边的 3 个窗口过滤选择：分别选择“Package”为“FPGA”；“Pin 为 484”和“Speed”为“8”。

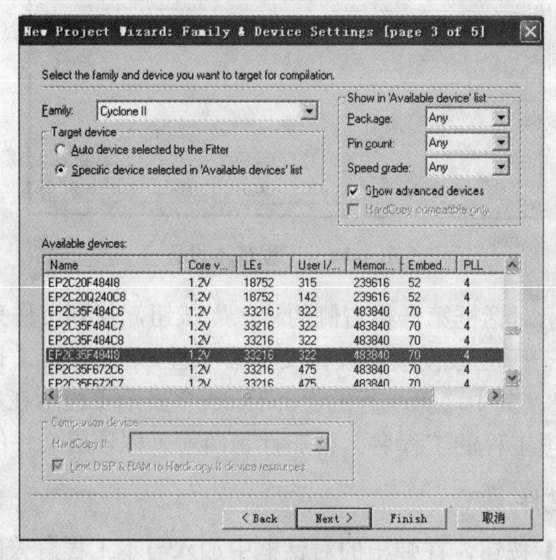

图 1-16　目标器件选择

5. 选择仿真器和综合器

单击图 1-16 中的【Next】按钮，弹出选择仿真器和综合器类型的窗口。如果其中三个选择项都不勾，表示使用 Quartus II 中自带的仿真器和综合器。在本例中使用 Quartus II 中自带的仿真器和综合器，如图 1-17 所示。

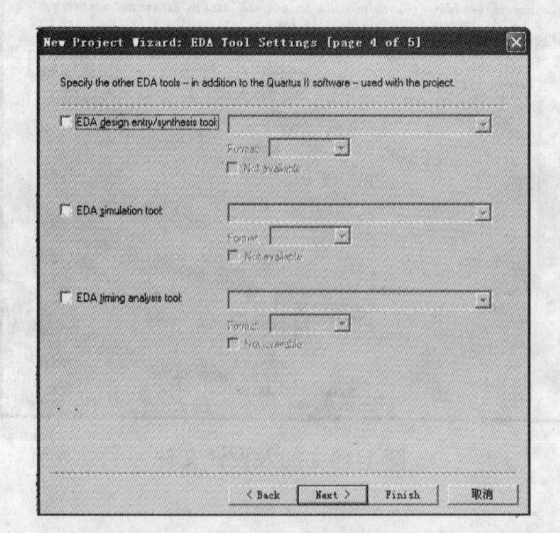

图 1-17　EDA 工具设置

6．观察工程相关设置

单击【Next】按钮后，弹出 EDA 工具设置统计窗口，上面列出了此项工程相关设置情况，如图 1-18 所示。

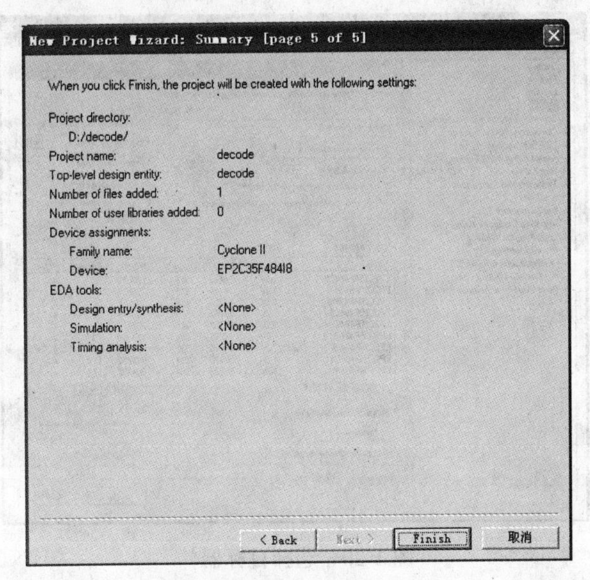

图 1-18　EDA 工具设置统计窗口

最后单击【Finish】按钮，即已设定好此工程，并出现 decode 的工程管理窗，或称为“Compilation Hierarchy”窗口，主要显示本工程项目的层次结构，如图 1-19 所示。

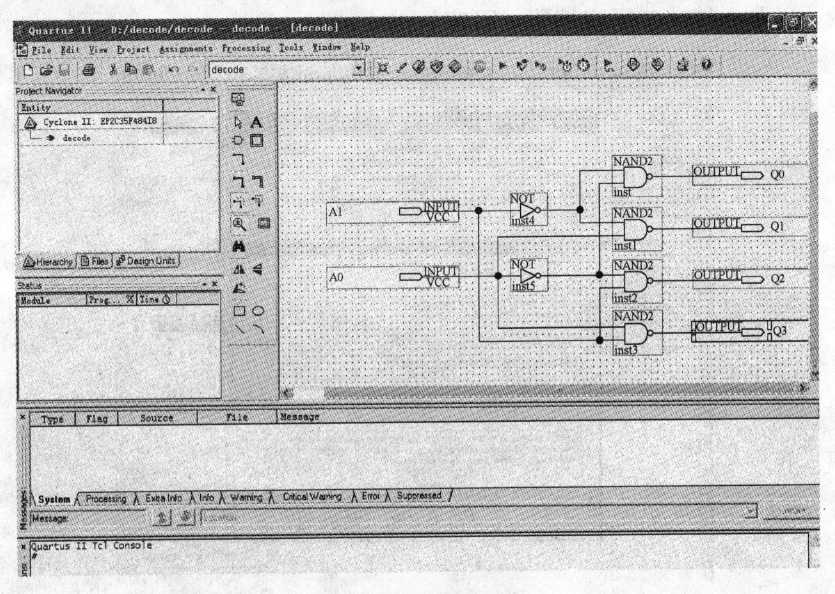

图 1-19　工程管理窗

7．编译前设置

在对当前工程进行编译处理前，必须做好必要的设置，对编译加入一些约束，使编译结果更好地满足设计要求。具体步骤如下。

（1）选择目标芯片。目标芯片的选择也可以这样来实现：选择“Assignmemts”菜单中的“Settings”项，在弹出的对话框中选择“Category”栏中的“Device”。首先选择目标芯片为EP2C35F484I8（此芯片已在建立工程时选定了），如图1-20所示。

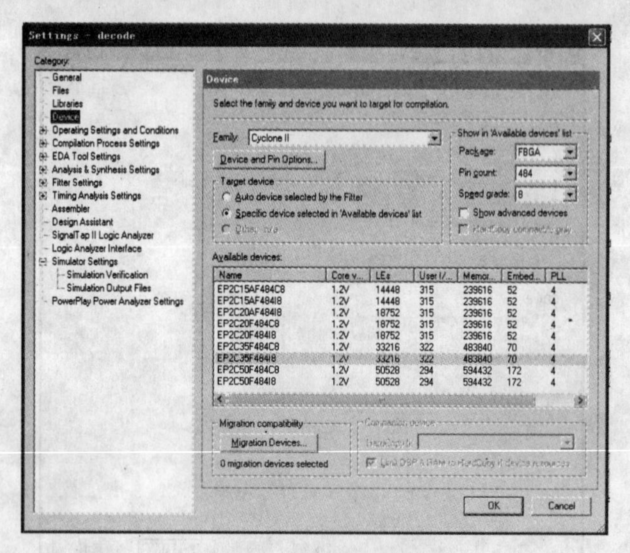

图1-20　选择目标器件

（2）选择配置器件工作方式。单击图1-20中的【Device and Pin Options】按钮，进入“Device and Pin Options”窗口。在此首先选择“General”选项卡，如图1-21所示。在“Options”栏内选中“Auto-restart configuration after error”，使对FPGA的配置失败后能自动重新配置，并加入JTAG用户编码（可略）。

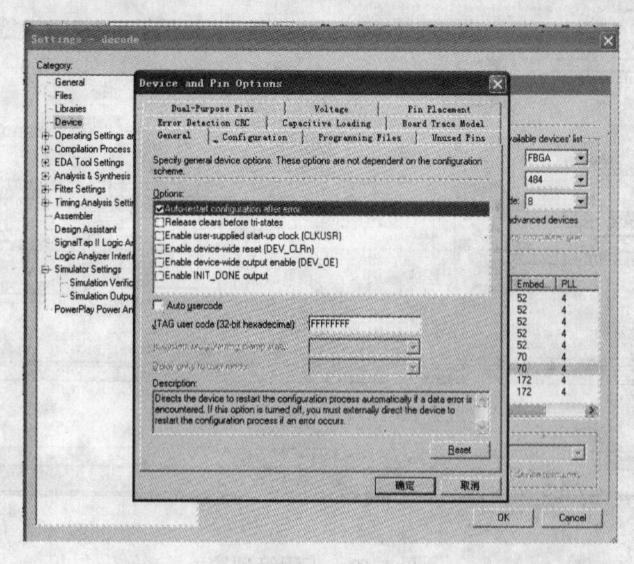

图1-21　选择配置器件的工作方式

（3）选择配置器件和编程方式。选择图1-21所示的“Configuration”选项卡，即出现图1-22所示窗口。在“Configuration”选项卡中选择配置器件为“EPCS1”。其配置模式可选择“Active Serial”（一般默认）。这种方式只对专用的Flash技术的配置器件（专用于

Cyclone/Ⅱ系列 FPGA 的 EPCS4、EPCS1 等）进行编程。注意，PC FPGA 的直接配置方式都是 JTAG 方式。对 FPGA 进行所谓“掉电保护式”编程通常有两种：主动串行模式（Active Serial Mode）和被动串行模式（PS Mode）。对 EPCS1/EPCS4 的直接编程必须用主动串行模式。所以在选择了 Active Serial Mode 后，必须在“Configuration device”项中选择配置器为 EPCS1 或 EPCS4。注意应根据实验系统上目标器件配置的 EPCS 芯片型号决定。

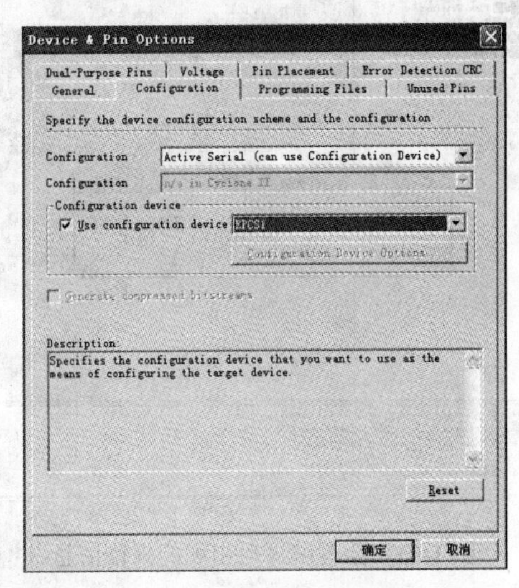

图 1-22　选择配置器件型号和压缩方式

（4）选择输出设置（此项操作可以不做，即保持默认）。选择“Programming Files”选项卡，选中“Hexadecimal（Intel-format）output file”，即在生成常规下载文件的同时，产生二进制配置文件*.hexout，并设地址起始为 0 的递增方式。此文件可用于单片机或 CPLD 与 EPROM 构成的 FPGA 配置电路系统。

（5）选择目标器件闲置引脚的状态。此项选择在某些情况下十分重要。选择“Unused Pins”选项卡，此页中可根据实际需要选择目标器件闲置引脚的状态，可选择为输入状态（呈高阻态，推荐此项选择）、输出状态（呈低电平）、输出不定状态或不做任何选择。在其他页也可做一些选择，各选项的功能可参考窗口下方的 Description 说明。

1.3.4　编译

所谓全程编译（Full Compilation），包括前面提到的 QuartusⅡ对设计输入的多项处理操作，其中包括排错、数据网表文件提取、逻辑综合、适配、装配文件（仿真文件与编程配置文件）生成，以及基于目标器件硬件性能的工程时序分析等。

1．启动编译

编译前首先选择菜单命令“Processing→Start Compilation”，启动全程编译。编译过程中要注意工程管理窗下方“Processing”栏中的编译信息。

2．错误修改

如果工程中的文件有错误，启动编译后，在下方的“Processing”处理栏中会以红色显示出错说明文字，并告知编译不成功，如图 1-23 所示。对于“Processing”栏的出错说明，可双击此条文，即弹出对应的顶层文件，并用深色标记指出错误所在。改错后再次进行编译直至排除所有错误。

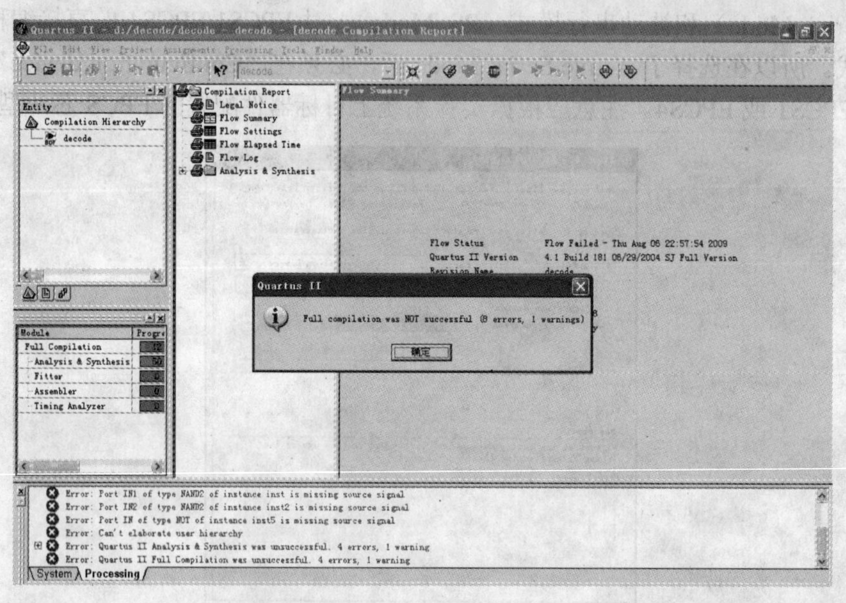

图 1-23　全程编译后出现的报错信息

3．了解与分析编译结果

如果编译成功，可以见到如图 1-24 所示的工程管理窗口的左上角显示出工程 decode 的层次结构和其中结构模块耗用的逻辑宏单元数。在此栏下是编译处理流程，包括数据网表建立、逻辑综合（Synthesis）、适配（Fittering）、配置文件装配（Assembling）和时序分析（Classic Timing Analysizing）等。最下栏是编译处理信息；中栏（Compilation Report）是编译报告项目选择菜单，点击其中各项可以详细了解编译与分析结果。

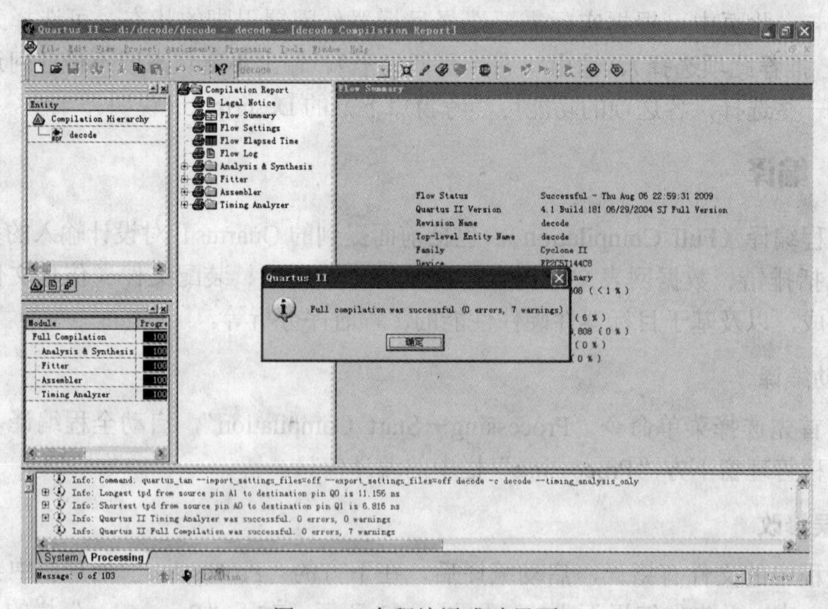

图 1-24　全程编译成功界面

1.3.5　仿真

对工程编译通过后，必须对其功能和时序性质进行测试，以了解设计结果是否满足原设计要求。仿真可分为功能仿真和时序仿真。功能仿真只测试设计项目的逻辑行为；而时序仿真不但测试逻辑行为，还测试器件在最差条件下的工作情况。仿真的步骤如下。

1．打开波形编辑器

选择菜单命令“File→New”，在“New”窗口中选择“Other Files”选项卡下的“Vector Waveform File”，如图 1-25 所示，单击【OK】按钮，即弹出空白的波形编辑器，如图 1-26 所示。

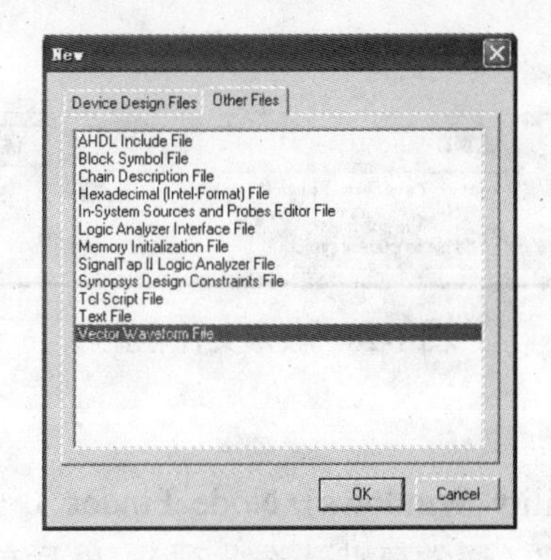

图 1-25　选择编辑波形文件

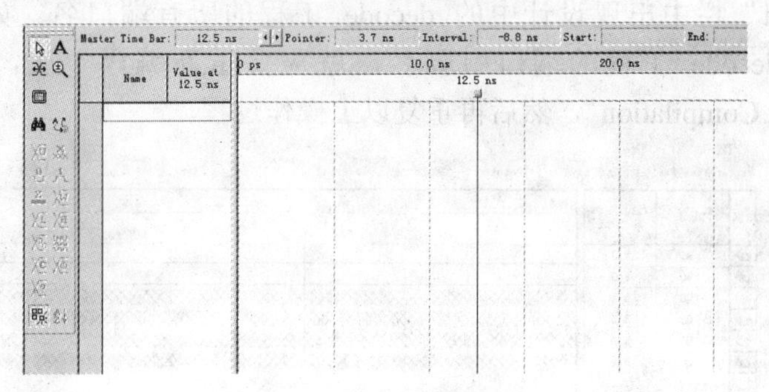

图 1-26　波形编辑器

2．设置仿真时间区域

对于时序仿真来说，将仿真时间轴设置在一个合理的时间区域上十分重要。通常设置的时间范围在数十微秒间。在“Edit”菜单中选择“End Time”项，在弹出的“End Time”对话框的“Time”中处输入 50，单位选“μs”，整个仿真域的时间即设定为 50μs，如图 1-27 所示。单击【OK】按钮，结束设置。注意使用放大缩小的按键，使 50μs 的时间全部显示，以利于后面的波形设置。

图 1-27　仿真时间设置

3．波形文件存盘

选择菜单命令“File→Save as”，将默认名为“decode.vwf”的波形文件存入文件夹d:\decode，如图1-28所示。

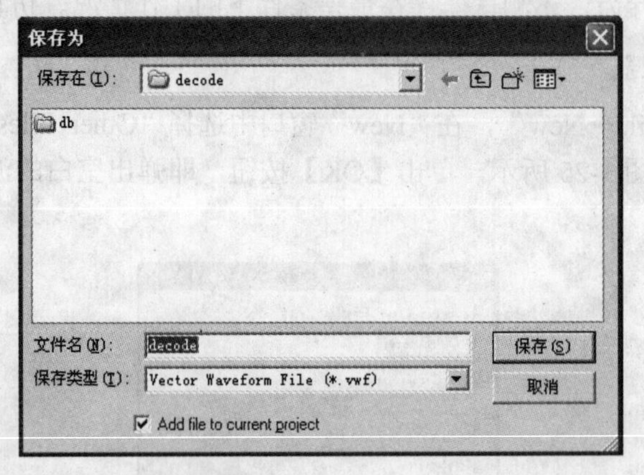

图1-28　波形文件存盘

4．输入信号节点

选择菜单命令“View→Utility Windows→Node Finder”，弹出的对话框如图1-29所示，在“Filter”框中选“Pins：all”（通常已默认选此项），然后单击【List】按钮，于是在下方的“Nodes Found”栏中出现设计中的decode工程的所有端口名。如果此对话框中的“List”不显示decode工程的端口引脚名，就需要重新编译一次，即选择菜单命令“Processing→Start Compilation”，然后再重复以上操作过程。

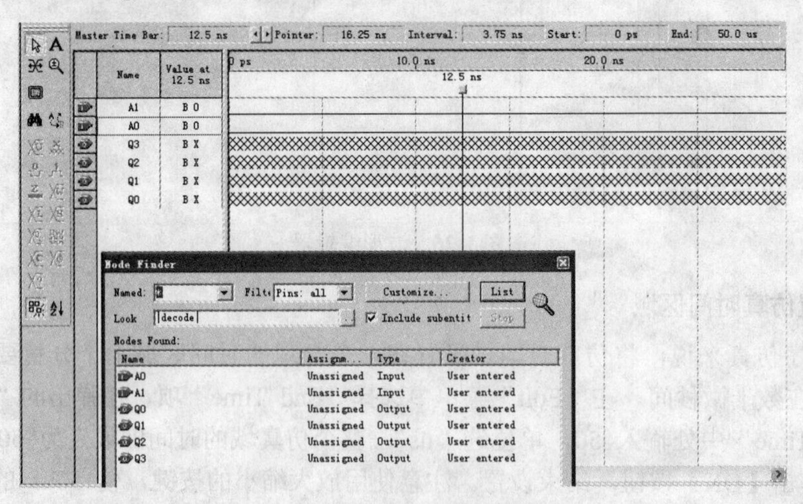

图1-29　向波形编辑器拖入信号节点

最后，用鼠标将端口名A1、A0、Q3、Q2、Q1、Q0分别拖到波形编辑窗，结束后关闭“Nodes Found”栏。单击波形窗左侧的全屏显示按钮，使之全屏显示，并单击放大缩小按钮，再用鼠标在波形编辑区域单击右键，使仿真坐标处于适当位置，如图1-30上方所示，这时仿真时间横坐标设定在数十微秒数量级。

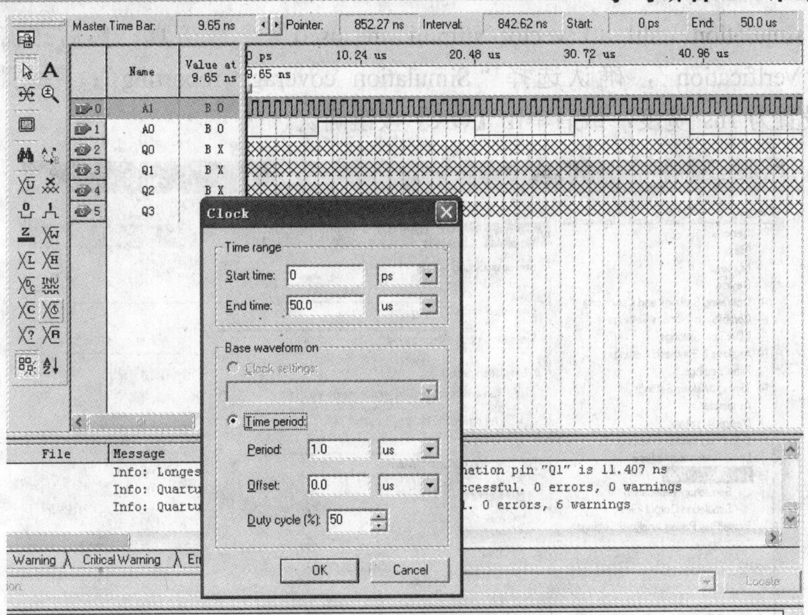

图 1-30 编辑 A1 波形

5. 编辑输入波形

单击图 1-30 所示窗口的输入信号 A1，使之变成蓝色条，再单击左列的时钟设置键，在弹出的“Clock”窗口中设置 A1 的周期为 1us；Clock 窗口中的“Duty cycle”是占空比，默认为 50，即 50%占空比，如图 1-30 所示。然后再设置信号 A0。先全选 A0，设置成全 0，然后抓取一些时间段，设置成 1。A1、A0 输入按照真值表（表 1-1）设置完成后，如图 1-31 所示，可对波形文件再次存盘。

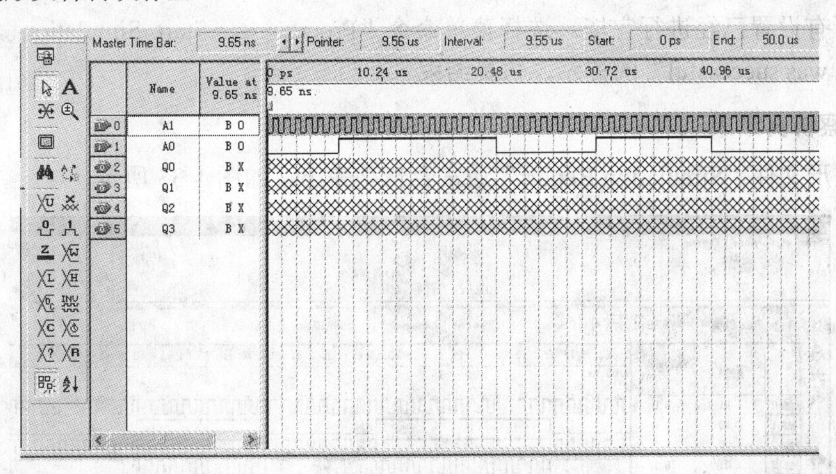

图 1-31 设置好的激励波形图

6. 仿真器参数设置

选择菜单命令“Assignment→Settings”，在“Settings”窗口左栏选择“Simulator Settings”，如图 1-32 所示。在右侧的“Simulation mode”栏中选择“Timing”，即选择时序仿真，并选择仿真激励文件名“decode.vwf”（通常默认），在“Simulation period”栏中

选中“Run simulation until all vector stimuli are used”全程仿真。然后在窗口左栏选择“Simulation Verification”，确认选择“Simulation coverage reporting”；毛刺检测“Glitch detection”设置为 1ns 宽度，最后单击【OK】按钮确认。

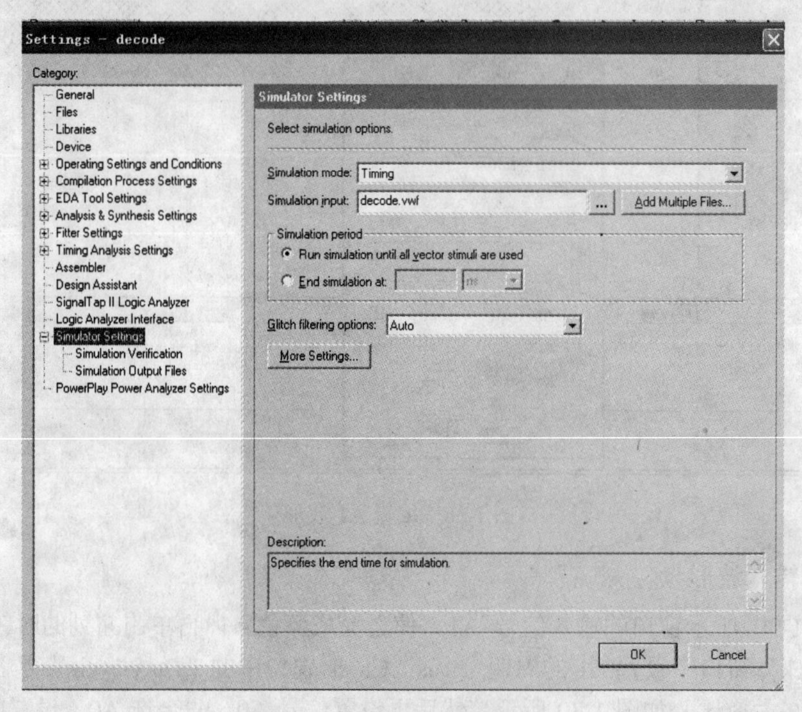

图 1-32　选择仿真约束和控制

7．启动仿真器

现在所有设置已经进行完毕。选择菜单命令“Processing→Start Simulation”，直到出现“Simulation was successful”的提示，仿真结束。

8．观察仿真结果

仿真波形文件“Simulation Report”通常会自动弹出，如图 1-33 所示。

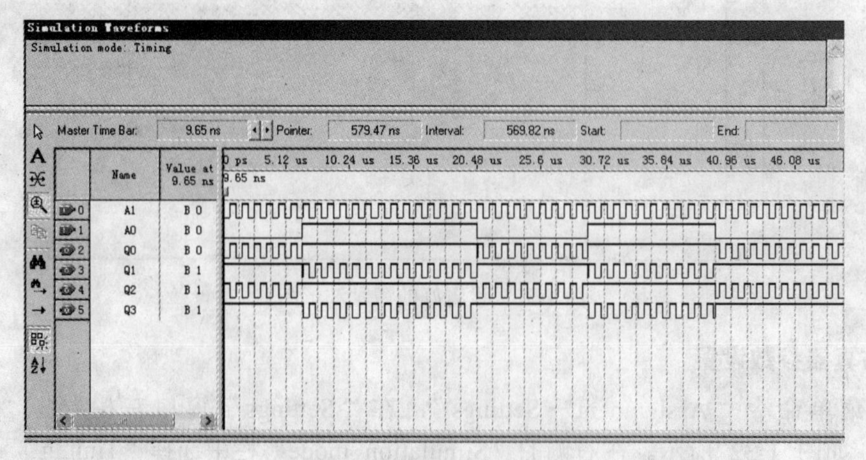

图 1-33　仿真波形输出

如果在启动仿真运行（Processing→Run Simulation）后，并没有出现仿真完成后的波形图，而是出现提示“Can't open Simulation Report Window”，但报告仿真成功，则可自己打开仿真波形报告，选择菜单命令“Processing→Simulation Report”即可。

如果无法展开波形显示时间轴上的所有波形图，可以用鼠标右键单击波形编辑窗口中任意位置，在弹出的菜单中选择“View→Fit in Window”项，即可显示时间轴上的所有波形图。还可单击波形窗左侧的全屏显示按钮，使之全屏显示；单击放大缩小按钮，再用鼠标在波形编辑区域单击左键或右键，使仿真坐标处于适当位置。

图 1-33 所示波形可以放大观察，可知：电路功能符合设计要求，输出结果与真值表（表 1-1）相符，实现了译码功能。

1.3.6　引脚设置与下载

为了能对此译码器进行硬件测试，应将其输入/输出信号锁定在芯片确定的引脚上，编译后下载。

1．确定锁定引脚序号

在此选择 EDA 实验系统的电路模式 No.5（如图 1-34 所示），可通过查阅附录 A 芯片引脚对照表，确定引脚分别为：A1 接键 2（PIO1，第 AB14 脚），A0 接键 1（PIO0，第 AB15 脚）；4 位输出 Q3～Q0 分别用发光二极管 D4～D1 来显示，分别接 PIO11、PIO10、PIO9、PIO8（它们对应的引脚编号分别为 G16、H14、H15、J14）。

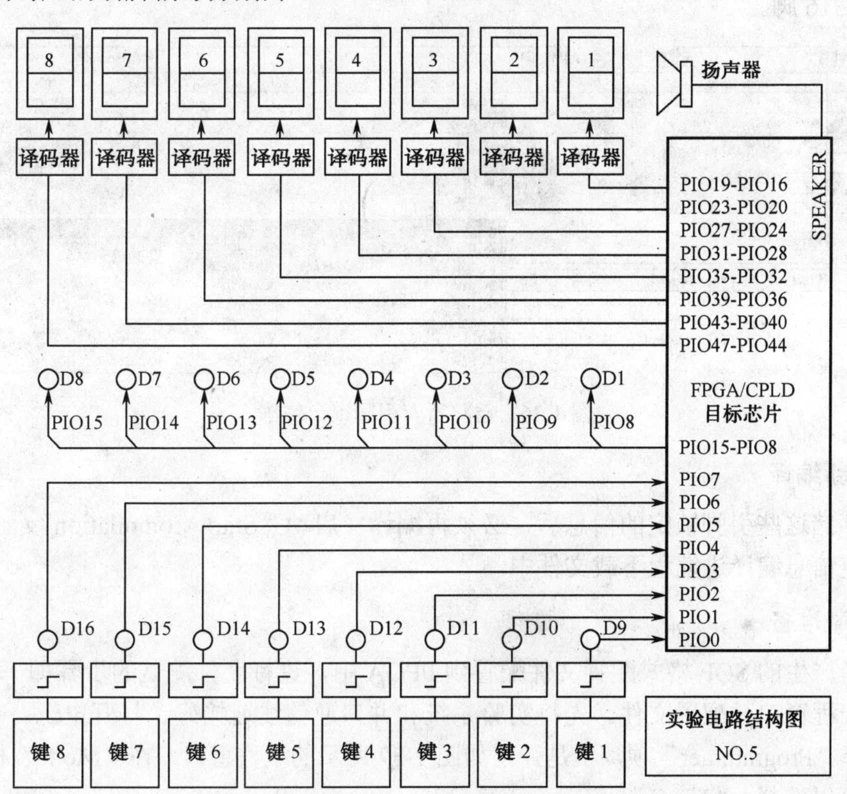

图 1-34　实验系统模式 No.5 实验电路图

2. 进行引脚锁定

选择菜单命令“Assignments→Pins”，即打开如图 1-35 所示“Assignment Editor”窗口。

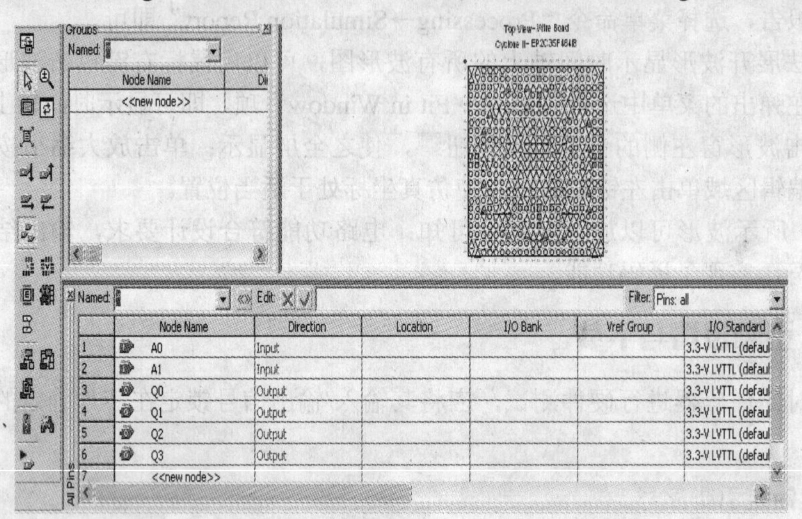

图 1-35 “Assignment Editor”编辑器窗口

在如图 1-36 所示的下拉栏中分别选择本工程要锁定的端口信号名，然后双击对应的“Location”栏的“new”，在弹出的下拉栏中选择对应端口信号名的器件引脚号，如对应 Q3，选择 G16 脚。

Named: Edit: PIN_G16 Filter: Pins: all

	Node Name	Direction	Location	I/O Bank	Vref Group	I/O Standard
1	A0	Input	PIN_AB15	7	B7_N1	3.3-V LVTTL (defaul
2	A1	Input	PIN_AB14	7	B7_N1	3.3-V LVTTL (defaul
3	Q0	Output	PIN_J14	4	B4_N0	3.3-V LVTTL (defaul
4	Q1	Output	PIN_H15	4	B4_N0	3.3-V LVTTL (defaul
5	Q2	Output	PIN_H14	4	B4_N0	3.3-V LVTTL (defaul
6	Q3	Output	PIN_G16	4	B4_N0	3.3-V LVTTL (defaul
7	<<new node>>					

Pin	I/O Bank	Type	Function
PIN_G16	I/O Bank 4	Column I/O	LVDS95n
PIN_G17	I/O Bank 5	Row I/O	LVDS107n
PIN_G18	I/O Bank 5	Row I/O	LVDS107p
PIN_G20	I/O Bank 5	Row I/O	VREFB5N0
PIN_G21	I/O Bank 5	Row I/O	LVDS114n
PIN_G22	I/O Bank 5	Row I/O	LVDS114p
PIN_H1	I/O Bank 2	Row I/O	LVDS29p
PIN_H2	I/O Bank 2	Row I/O	LVDS29n

```
File   Message
       Info: Simulation coverage is
       Info: Number of transitions
       Info: Quartus II Simulator w
```

图 1-36 已将所有引脚锁定完毕

3. 重新编译

最后存储这些引脚锁定的信息后，必须再编译（启动“Start Compilation”）一次，才能将引脚锁定信息编译进编程下载文件中。

4. 下载准备

将编译产生的 SOF 格式配置文件配置到 FPGA 中，进行硬件测试的步骤如下：

打开编程窗口并配置文件。先将实验系统和并口通信线连接好，打开电源。在“Tool”菜单中选择“Programmer”项，于是弹出如图 1-37 所示的编程窗口。在“Mode”栏中有 4 种编程模式可以选择：“JTAG”、“Passive Serial”、“Active Serial Programming”和“In-Socket Programming”。为了直接对 FPGA 进行配置，在编程窗口的编程模式“Mode”中选“JTAG”

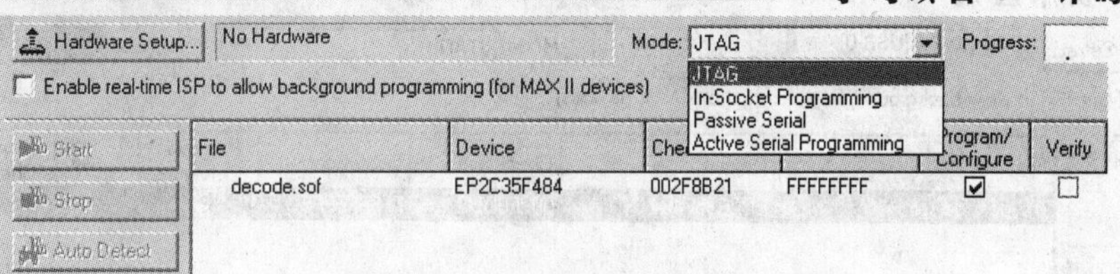

图 1-37　选择编程下载文件

（默认），并勾选下载文件右侧的第一小方框。注意要仔细核对下载文件路径与文件名。如果此文件没有出现或有错，单击左侧【Add File】按钮，手动选择配置文件 decode.sof 。

5. 设置编程器

若是初次安装 QuartusⅡ，在编程前必须进行编程器选择操作。这里准备选择“USB-Blaster [USB-0]”。单击【Hardware Setup】按钮可设置下载接口方式，在弹出的“Hardware Setup”对话框中（如图 1-38 所示），选择“Hardware settings”选项卡，在“Currently selected hardware”栏中选择“USB-Blaster [USB-0]”之后，单击【Close】按钮关闭对话框即可。这时应该在编程窗口左上方显示出编程方式为“USB-Blaster [USB-0]”（如图 1-39 所示）。如果图 1-39 所示的窗口内“Currently selected hardware”栏只有“No Hardware”选项，则必须加入下载方式：单击【Add Hardware】按钮，在弹出的窗口中单击【OK】按钮，再双击“ByteBlasterMV”项，使“Currently selected hardware”栏中有“USB-Blaster [USB-0]”项。

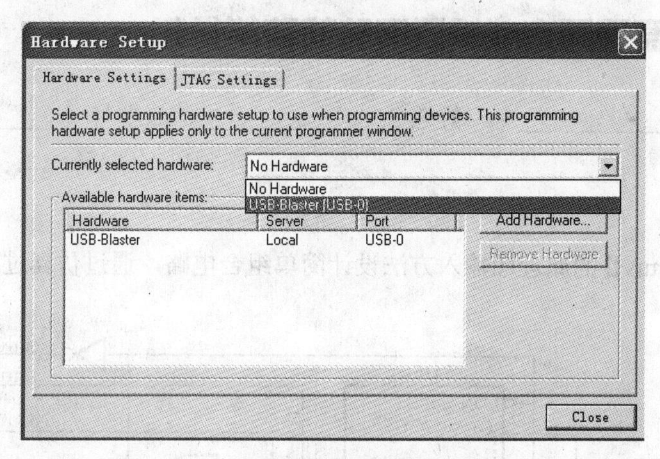

图 1-38　双击选中的编程方式名

6. 选择编程器

究竟显示哪一种编程方式（ByteBlasterMV 或 ByteBlasterⅡ），取决于 QuartusⅡ对实验系统上的编程口的测试。以 GW48-EDA 系统为例，若对此系统左侧的“JP5”跳线选择“Others”，则当进入 QuartusⅡ“Tool”菜单，打开“Programmer”窗口后，将显示“USB-Blaster [USB-0]”，如图 1-39 所示；而若对“JP5”跳线选择“ByBtⅡ”，则当进入“Tool”菜单，打开“Programmer”窗口后，将显示“ByteBlaster II[LPT1]”。注意，对 Cyclone 的配置器件编程必须使用这编程方式。最后单击下载标符【Start】按钮，即进入对目标器件 FPGA 的配置下载操作。当 Progress 显示 100%，表示编程成功。

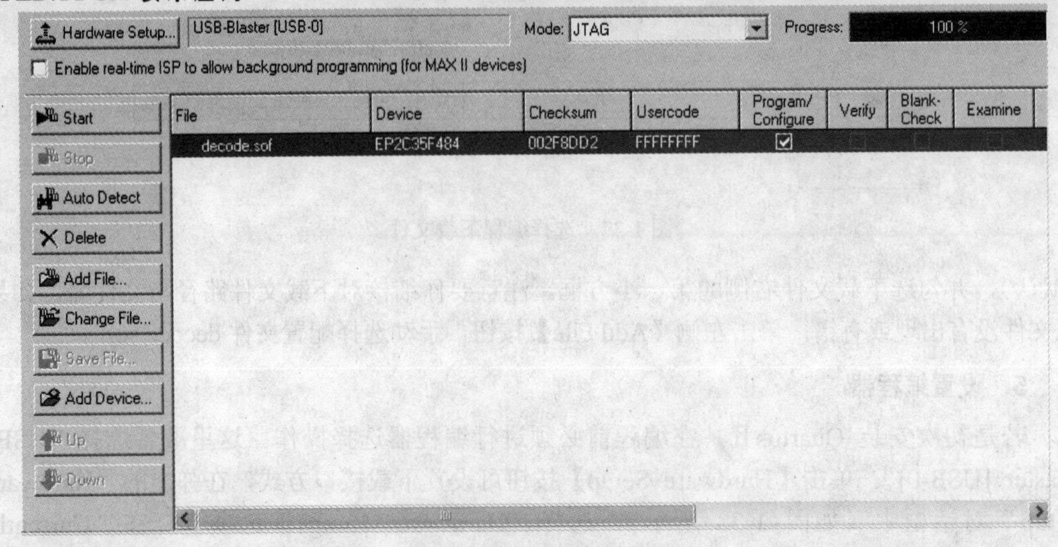

图 1-39　ByteBlaster II 编程下载窗口

7．硬件测试

成功下载 decode.sof 后，选择实验电路模式 5，将键 1、2 分别设置成高低电平，观察发光二管 D4～D1 的亮灭，了解译码器工作情况是否与电路功能符合。

操作测试 1　原理图方式输入电路的功能分析

班级______________　姓名______________　学号______________

1．实验目的

熟悉利用 Quartus II 的原理图输入方法设计简单组合电路，通过仿真过程分析电路功能。

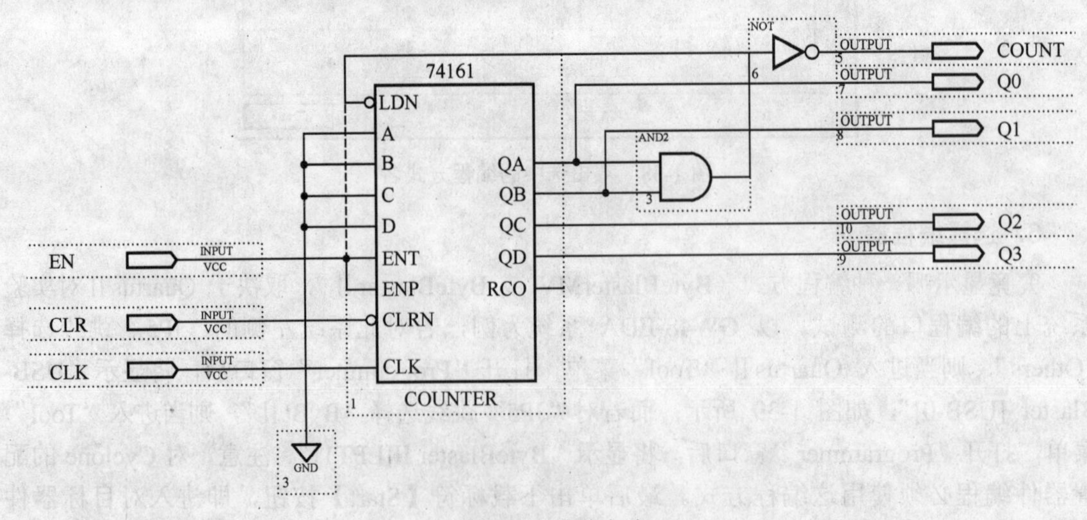

图 1-40　实验电路

2. 实验步骤

分析图 1-40 所示电路能否实现四进制计数？ 是____ 否 ______
如果不能，请说明如何修改电路____ 并记录仿真波形：

习 题 1

1-1 简述 EDA 技术的历史。

1-2 简述 EDA 技术的特点。

1-3 简述 EDA 技术的发展趋势。

1-4 归纳利用 QuartusⅡ进行原理图输入设计的流程。

1-5 创建新工程的步骤有哪些？

1-6 时序仿真和功能仿真有何异同点？

1-7 建立时序仿真中 VWF 文件的激励波形有什么需要注意之处？

1-8 在什么情况下必须对设计锁定引脚？锁定引脚有几种方法？如何完成？

1-9 分析图 1-41 所示电路的逻辑功能。

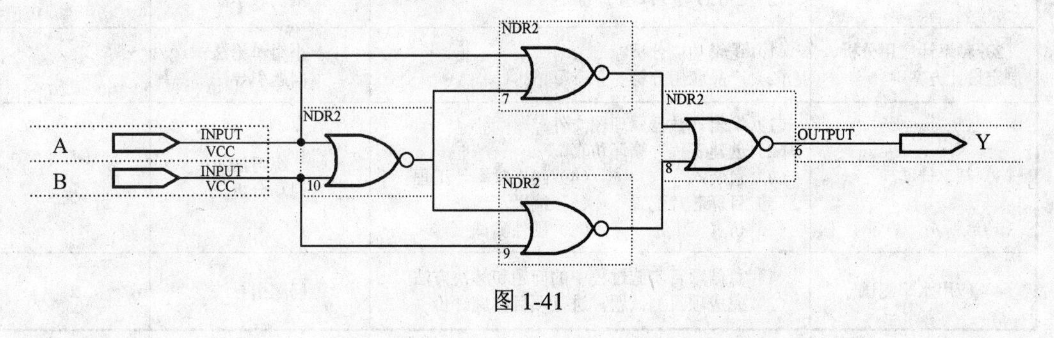

图 1-41

学习项目2 频率计设计应用

教学导航2

理论知识	可编程逻辑器件基本结构与工作原理		
技能	进一步熟悉 QuartusⅡ开发环境与电路搭建方法，学生能够建立多层次工程，掌握目标芯片的配置方法；掌握原理图输入、编译、仿真及硬件测试方法；最终完成频率计应用项目		
活动设计	（1）可编程逻辑器件介绍　（2）了解 CPLD 及 FPGA 产品 （3）频率计应用分析　（4）QuartusⅡ原理图法层次化输入设计导向 （5）方案小结		
教学过程	**教学内容**	**教学方法**	**建议学时**
（1）相关背景知识	（1）可编程逻辑器件 （2）CPLD 与 FPGA 产品	讲授法 案例教学法	2
（2）频率计应用分析、制定设计方案	（1）逻辑功能分析 （2）产品应用分析	小组讨论法 问题引导法	1
（3）频率计实现	（1）编辑计数器原理图文件 （2）创建工程并编译仿真 （3）包装入库　（4）建立频率计工程 （5）目标芯片配置　（6）编译 （7）仿真　（8）硬件测试	练习法 现场分析法	5
（4）应用水平测试	（1）总结项目实施过程中的问题和解决方法 （2）完成项目测试题，进行项目实施评价	问题引导法	2

2.1 可编程逻辑器件基础

无论是简单的还是复杂的数字系统，都是由逻辑门电路构成的，如与或门、或非门、异或门、传输门等。由于逻辑函数可以相互转换，所以可以用基本逻辑门（与门、或门和非门）的组合代替其他逻辑门。把大量的基本逻辑门电路集成在一个芯片中，通过编程将部分基本逻辑门按照逻辑关系连接起来，就可以实现一个数字系统，改变连线关系则可以实现另一个数字系统。这种可以通过编程改变逻辑门连接关系的集成电路芯片就是可编程逻辑器件 PLD（Programmable Logic Devices）。可编程逻辑器件是 20 世纪 70 年代发展起来的一种新的集成器件，是大规模集成电路技术发展的产物，是一种半定制的集成电路，结合 EDA 技术可以快速、方便地构建数字系统。

2.1.1 可编程逻辑器件的特点及分类

随着微电子技术的发展、单位芯片集成度的不断提高，可编程逻辑器件的应用越来越广泛，其品种也越来越多。了解可编程逻辑器件的特点和分类，对于器件的正确选择非常重要。

1. PLD 的特点

（1）集成度高、可靠性好。PLD 器件集成度高，一片 PLD 可代替几片、几十片乃至上百片中小规模的通用集成电路芯片。用 PLD 器件实现数字系统所使用的芯片数量少、占用印制电路板面积小，整个系统的硬件规模明显减少。同时由于减少了实现系统所需要的芯片数量，在印制电路板上的引线以及焊点数量也随之减少，所以系统的可靠性得以提高。

（2）工作速度快。PLD 器件本身的工作速度很快，用 PLD 实现数字系统所需要的电路级数又少，因而整个系统的工作速度会得到提高，可以比单片机的速度快许多倍。

（3）提高系统的设计灵活性。在系统的研制阶段， 由于设计错误或任务变更而修改设计的事情经常发生。使用不可编程的通用器件时，修改设计就要更换或增减器件，有时还不得不更换印制线路板。使用 PLD 器件后，情况就大为不同，由于 PLD 器件引脚数量多、传输方式灵活（多数引脚即可做输入，也可做输出），又有可擦除重新编程的能力，所以对原设计进行修改时，只需要修改原设计的文本文件，再对 PLD 芯片重新编程即可，而不需要修改电路布局，更不需要重新加工印制电路板，这就大大提高了系统设计的灵活性。

（4）缩短设计周期。由于 PLD 器件集成度高、印制电路板电路布局布线简单、性能灵活、修改设计方便、开发工具先进、自动化程度高，所以可大大缩短系统的设计周期，加快产品投放市场的速度，提高产品的竞争能力。

（5）增加系统的保密性能。多数 PLD 包含一个可编程的保密位，该保密位控制着器件内部数据的读出。当保密位被编程时，器件内的设计不能被读出；当擦除重新编程时，保密位和其他的编程数据一同被擦除。

2. PLD 的分类

可编程逻辑器件的种类很多，几乎每个大的可编程逻辑器件供应商都能提供具有自身结构特点的 PLD 器件。

1）PLD 按集成度分

PLD 按集成度分，一般可分为两大类器件：

（1）低集成度芯片。早期出现的 PROM、PAL、可重复编程的 GAL 都属于这类，可用的逻辑门数大约在 500 门以下，称为简单 PLD。

（2）高集成度芯片。例如现在大量使用的 CPLD、FPGA 器件，称为复杂 PLD。

2）PLD 按结构分

PLD 从结构上分，也可分为两大类器件：

（1）乘积项结构器件。其基本结构为"与-或阵列"器件，大部分简单 PLD 和 CPLD 都属于这类。

（2）查找表结构器件。这类器件是由简单的查找表组成可编程门，再构成阵列形式。大多数 FPGA 均属于此类器件。

3）PLD 按编程工艺分

PLD 从编程工艺上划分，可分为六类：

（1）熔丝（Fuse）型器件。早期的 PROM 器件就是采用熔丝结构，编程过程是根据设计的熔丝图文件来烧断对应的熔丝，以达到编程的目的。

（2）反熔丝（Anti-Fuse）型器件。这类器件是对熔丝技术的改进，在编程处通过击穿漏层使得两点之间获得导通，这与熔丝烧断获得开路正好相反。

（3）EPROM 型器件。称为紫外线擦除电可编程逻辑器件，是用较高的编程电压进行编程，当需要再次编程时，用紫外线进行擦除。目前已基本淘汰。

（4）E^2PROM 型器件。即电可擦写编程器件，现有的大部分 CPLD 及 GAL 器件均采用这类结构。它是对 EPROM 的工艺改进，不需要紫外线擦除，而是直接用电擦除。

（5）SRAM 型器件。即 SRAM 查找表结构的器件。大部分的 FPGA 器件都是采用这种编程工艺。例如，Xilinx 和 Altera 的 FPGA 器件都采用 SRAM 编程方式。这种编程方式在编程速度、编程要求上要优于前四种器件，不过 SRAM 型器件的编程信息存放在 RAM 中，在断电后就丢失了，再次上电需要再次编程（配置），因而需要专用器件来完成这类配置操作。而前四种器件在编程后是不丢失编程信息的。

（6）Flash 型器件。Actel、Xilinx 公司为了解决上述反熔丝器件的不足，推出了采用 Flash 工艺的 FPGA，可以实现多次可编程，同时做到掉电后不需要重新配置。

对于大规模可编程逻辑器件，在习惯上，还有另外一种分类方法，即编程后，对于单个可编程器件，在掉电后重新上电是否可以保持编程的逻辑：可以保持的称为 CPLD，反之则称为 FPGA。

2.1.2 PLD 中阵列的表示方法

因为 PLD 内部电路的连接规模很大，用传统的逻辑电路表示方法很难描述 PLD 的内部结构，所以对 PLD 进行描述时采用了一种特殊的简化方法。

缓冲器和连接点的表示方法如图 2-1 所示。

PLD 的输入、输出缓冲器都采用了互补结构，如图 2-1（a）、（b）所示。图 2-1（c）所示是在阵列中连接关系的表示，PLD 有 3 种连线连接方式：固定连接、编程连接、没有连接。交叉线的交点上打黑点，表示是固定连接，即在 PLD 出厂时已连接；交叉线的交点上打叉，表示该点可编程，在 PLD 出厂后通过编程，其连接可随时改变；十字交叉线表示此二线未连接。

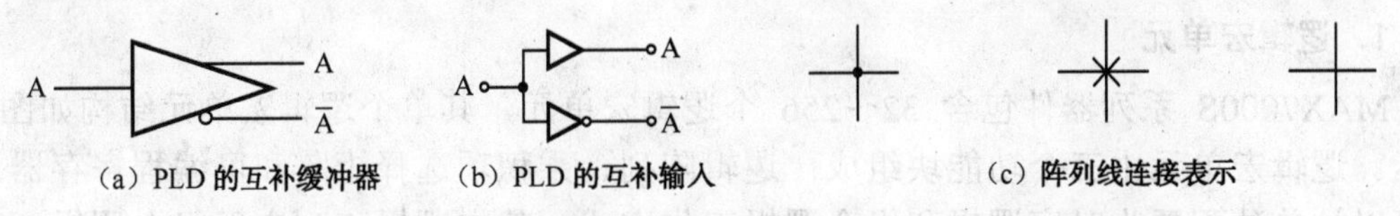

（a）PLD 的互补缓冲器　（b）PLD 的互补输入　（c）阵列线连接表示

图 2-1　PLD 的连接点

PLD 的与门的输入线通常画成横线，与门的所有输入变量都称为输入项，并画成与横线垂直的列线。列线与行线相交的交叉处若有“.”，表示有一个耦合元件固定连接；若有“×”，则表示是编程连接；若交叉处无标记，则表示不连接（被擦除）。与门的输出称为乘积项 F。图 2-2 所示是 PLD 中与阵列的简化图形，表示可以选择 A、B、C、D 四个信号中的任意一组或全部输入与门。图 2-3 所示是 PLD 中或阵列的简化图形表示。

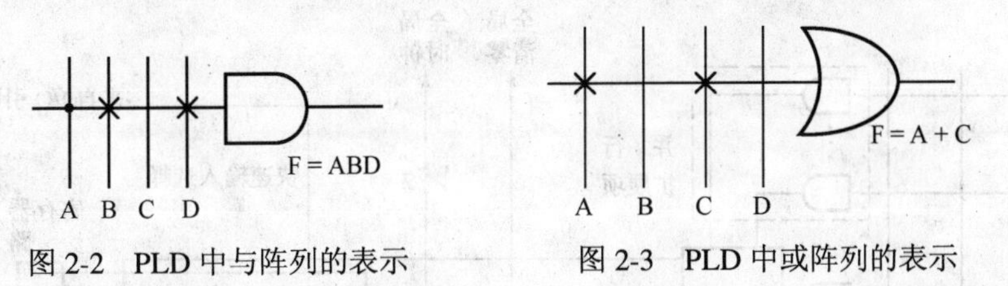

图 2-2　PLD 中与阵列的表示　　图 2-3　PLD 中或阵列的表示

2.1.3　CPLD 的结构和工作原理

CPLD（Complex Programmable Logic Device）即复杂可编程逻辑器件。在流行的 CPLD 中，Altera 的 MAX7000S 系列器件具有一定典型性，下面就以此为例来介绍 CPLD 的结构和工作原理。

MAX7000S 结构主要是由多个 LAB 组成的阵列以及它们之间的连线构成的。多个 LAB 通过可编程连线阵列 PIA（Programmable Interconnect Array）和全局总线连接在一起，全局总线从所有的专用输入、I/O 引脚和宏单元馈入信号，如图 2-4 所示。MAX7000S 结构中包

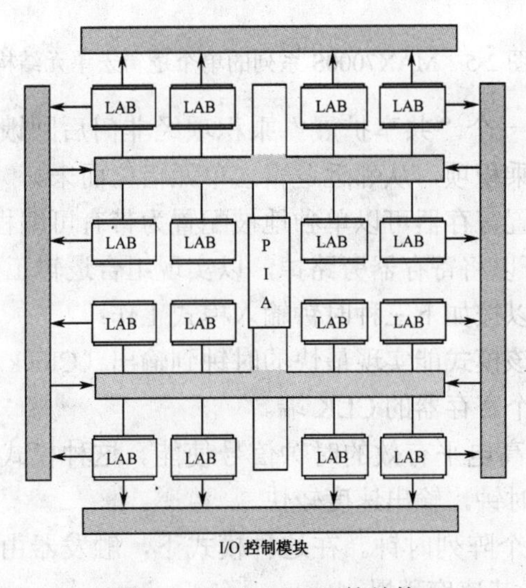

图 2-4　MAX7000S 的结构

含五个主要部分，即逻辑宏单元、逻辑阵列块、扩展乘积项（共享和并联）、可编程连线阵列、I/O 控制块。下面对部分模块进行介绍。

1. 逻辑宏单元

MAX7000S 系列器件包含 32～256 个逻辑宏单元，其单个逻辑宏单元结构如图 2-5 所示。逻辑宏单元由三个功能块组成：逻辑阵列、乘积项选择矩阵和可编程寄存器，它们可以被单独配置为时序逻辑和组合逻辑工作方式。其中逻辑阵列实现组合逻辑，可以给每个逻辑宏单元提供五个乘积项。“乘积项选择矩阵”分配这些乘积项作为到“或”门和“异或”门的主要逻辑输入，以实现组合逻辑函数；或者把这些乘积项作为宏单元中寄存器的辅助输入：清零（Clear）、置位（Preset）、时钟（Clock）和时钟使能控制（Clock Enable）。

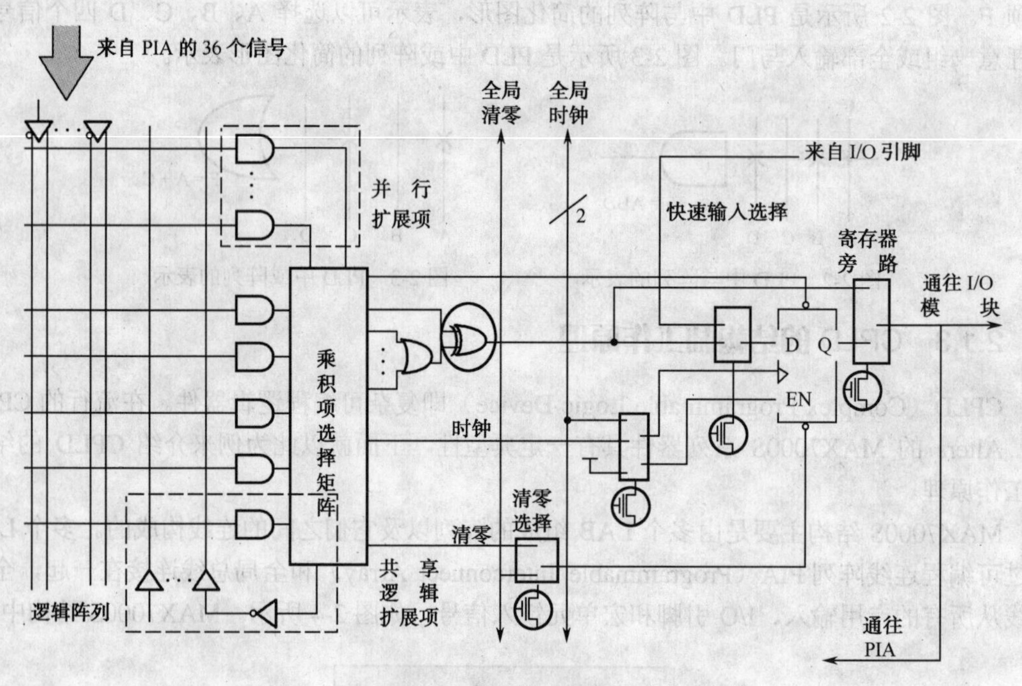

图 2-5 MAX7000S 系列的单个逻辑宏单元结构

每个逻辑宏单元中有一个“共享扩展”乘积项经非门后回馈到逻辑阵列中，逻辑宏单元中还存在“并行扩展”乘积项，从邻近逻辑宏单元借位而来。

逻辑宏单元中的可配置寄存器可以单独地被配置为带有可编程时钟控制的 D、T、JK 或 SR 触发器工作方式，也可以将寄存器旁路掉，以实现组合逻辑工作方式。

每个可编程寄存器可以按如下三种时钟输入模式工作：

（1）全局时钟信号。该模式能实现最快的时钟到输出（Clock to Output）性能，这时全局时钟输入直接连向每一个寄存器的 CLK 端。

（2）全局时钟信号由高电平有效的时钟信号使能。这种模式提供每个触发器的时钟使能信号，由于仍使用全局时钟，输出速度较快。

（3）用乘积项实现一个阵列时钟。在这种模式下，触发器由来自隐埋的逻辑宏单元或 I/O 引脚的信号进行钟控，其速度稍慢。

每个寄存器也都支持异步清零和异步置位功能。乘积项选择矩阵分配乘积项来控制这些操作。虽然乘积项驱动寄存器的置位和复位信号是高电平有效，但在逻辑阵列中将信号取反可得到低电平有效的效果。此外，每一个寄存器的复位端可以由低电平有效的全局复位专用引脚 GCLRn 信号来驱动。

2. 逻辑阵列块

一个 LAB 由 16 个逻辑宏单元的阵列组成。对于每个 LAB，输入信号来自三部分：一是来自作为通用逻辑输入的 PIA 的 36 个信号；二是来自全局控制信号，用于寄存器辅助功能；三是从 I/O 引脚到寄存器的直接输入通道，如图 2-6 所示。

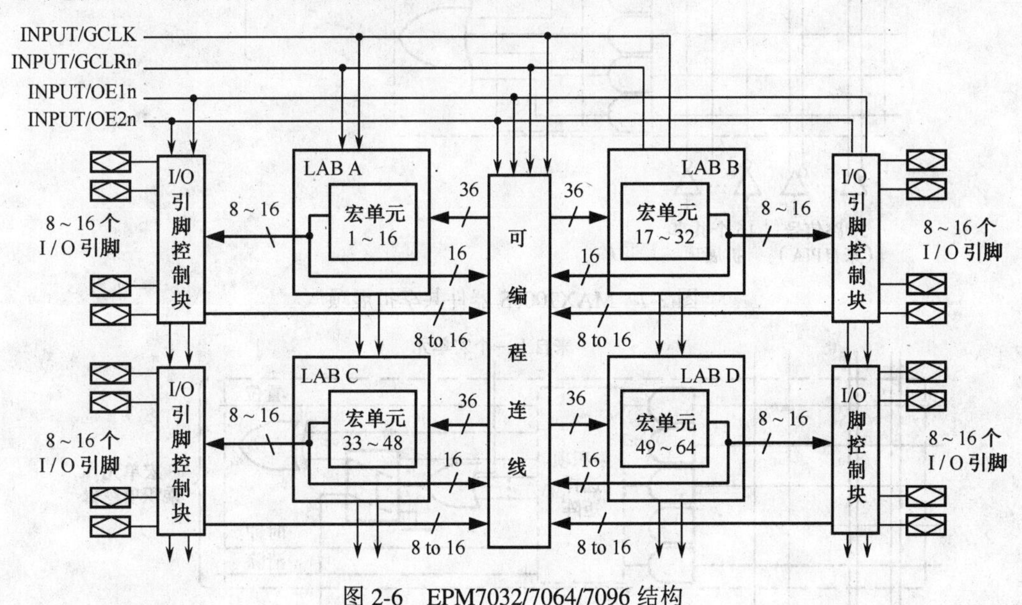

图 2-6 EPM7032/7064/7096 结构

3. 扩展乘积项

尽管大多数逻辑功能可以利用各个宏单元内部的 5 个乘积项来实现，但较复杂的逻辑功能仍需要利用附加乘积项来实现。为了提供所需的逻辑资源，可以利用另外一个宏单元；但是 MAX7000S 器件也允许使用共享的或并联的扩展乘积项（即扩展项），由其直接为同一个 LAB 中的任意一个宏单元提供额外的乘积项。这些扩展乘积项有助于确保在逻辑综合时用尽可能少的逻辑资源得到尽可能快的工作速度。

（1）共享扩展项。共享扩展项就是由每个宏单元提供一个未投入使用的乘积项，并将它们反相后反馈到逻辑阵列中，以便于集中使用，如图 2-7 所示。每个 LAB 有 16 个共享扩展项。每个共享扩展乘积项可被其所在的 LAB 内任意或全部宏单元使用和共享，以实现复杂的逻辑功能。使用共享扩展项会引入一个小的延时。

（2）并联扩展项。并联扩展项是宏单元中没有使用的乘积项，可被分配给相邻的宏单元以实现高速的、复杂的逻辑功能，如图 2-8 所示。并联扩展项允许多达 20 个乘积项直接馈送到宏单元的“或”逻辑中。其中，5 个乘积项由宏单元本身提供，另外 15 个由与其同属一个 LAB 的邻近宏单元的并联扩展项提供。设计软件的编译器能够自动将最多 3 组且每组最多 5 个的并联扩展项分配给需要附加乘积项的宏单元。每组并联扩展项会增加一个小的延时。

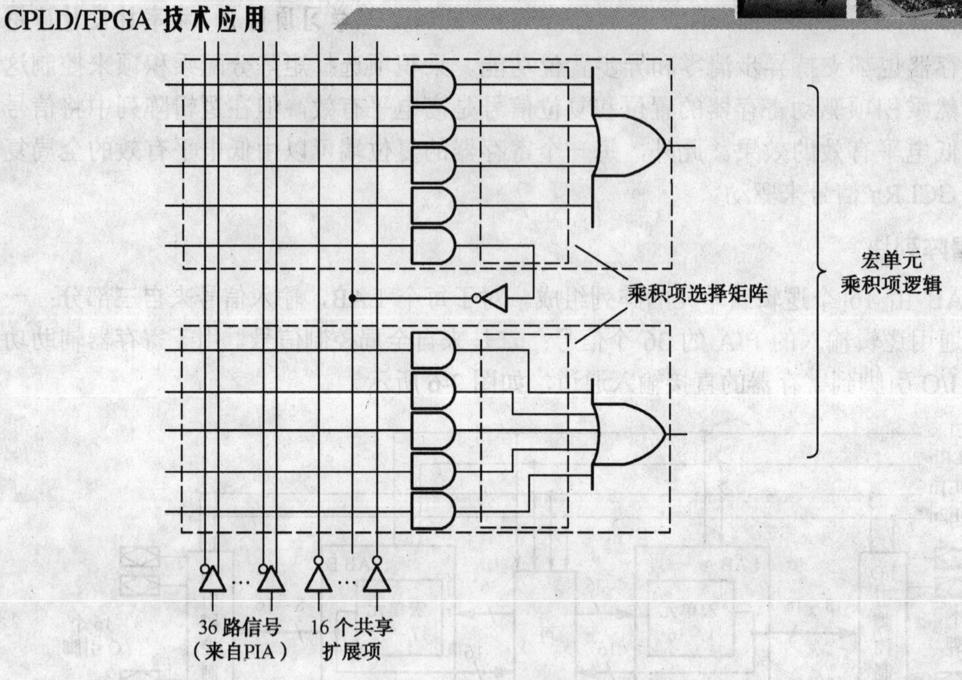

图 2-7　MAX7000S 器件共享扩展项

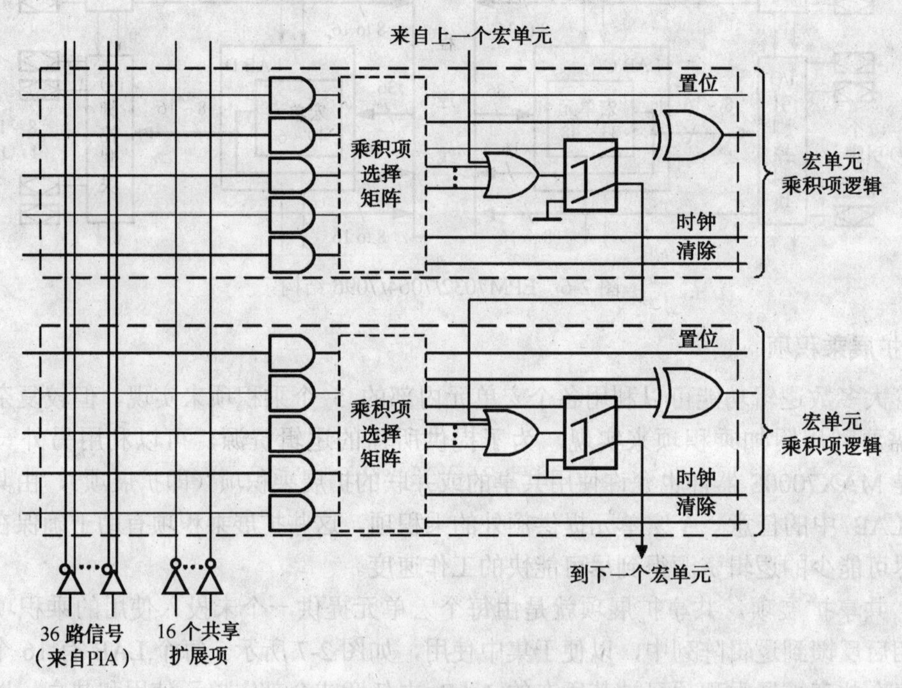

图 2-8　MAX7000S 器件并联扩展项

每个 LAB 中的两组宏单元（每组含有 8 个宏单元）形成两个出借或借用并联扩展项的链。一个宏单元可从编号较小的宏单元中借用并联扩展项。在每一组中，编号最小的宏单元仅能出借并联扩展项，而编号最大的宏单元仅能借用并联扩展项。

4．可编程连线阵列

不同的 LAB 通过在可编程连线阵列（PIA）上布线，以相互连接构成所需的逻辑。这

个全局总线是一种可编程的通道，可以把器件中任何信号连接到其目的地。所有 MAX7000S 器件的专用输入、I/O 引脚和逻辑宏单元输出都连接到 PIA，而 PIA 可把这些信号送到整个器件内的各个地方。只有每个 LAB 需要的信号才布置从 PIA 到该 LAB 的连线。由图 2-9 所示可看出 PIA 信号布线到 LAB 的方式。

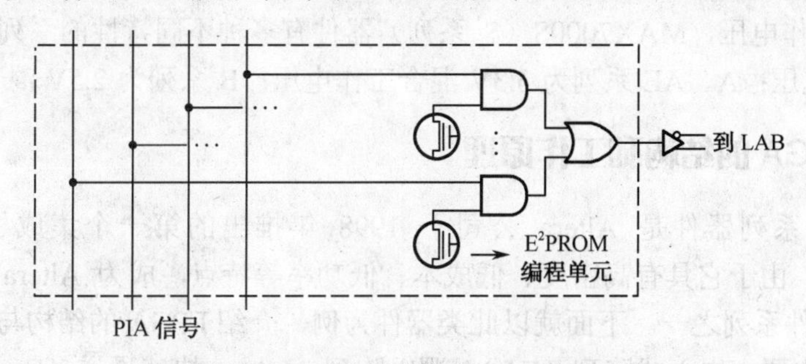

图 2-9 PIA 信号布线到 LAB 的方式

图 2-9 中是通过 E^2PROM 单元控制与门的一个输入端，以选择驱动 LAB 的 PIA 信号。由于 MAX7000S 的 PIA 有固定的延时，所以器件延时性能较容易地预测。

5. I/O 控制块

I/O 控制块允许每个 I/O 引脚单独被配置为输入、输出和双向工作方式。所有 I/O 引脚都有一个三态缓冲器，它的控制端信号来自一个多路选择器，可以选择用全局输出使能信号其中之一进行控制，或者直接连到地（GND）或电源（VCC）上。图 2-10 所示为 EPM7128S 器件的 I/O 控制块，它共有 6 个全局输出使能信号。这 6 个使能信号可来自两个输出使能信号（OE1、OE2）、I/O 引脚的子集或 I/O 宏单元的子集，并且也可以是这些信号取反后的信号。

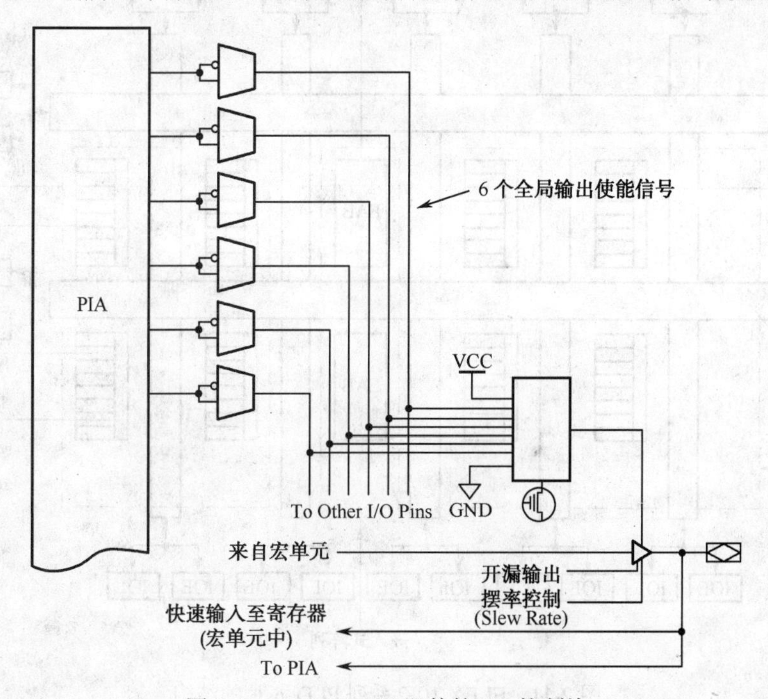

图 2-10 MAX7000S 器件的 I/O 控制块

当三态缓冲器的控制端接地（GND）时，其输出为高阻态，这时 I/O 引脚可作为专用输入引脚使用。当三态缓冲器控制端接电源 VCC 时，输出被一直使能，为普通输出引脚。MAX7000S 结构提供双 I/O 反馈，其逻辑宏单元和 I/O 引脚的反馈是独立的。当 I/O 引脚被配置成输入引脚时，与其相连的宏单元可以作为隐埋逻辑使用。

对于 I/O 工作电压，MAX7000S（S 系列）器件有多种不同特性的系列，其中 E、S 系列为 5.0V 工作电压；A、AE 系列为 3.3V 混合工作电压；B 系列为 2.5V 混合工作电压。

2.1.4 FPGA 的结构和工作原理

FLEX 10K 系列器件是 Altera 公司于 1998 年推出的第一个集成了嵌入式阵列块（EAB）的 PLD，由于它具有高密度、低成本、低功率等特点，成为 Altera 公司 PLD 中应用前景最好的器件系列之一。下面就以此类器件为例，介绍 FPGA 的结构与工作原理。FLEX 10K 器件主要由嵌入式阵列（EA）、逻辑阵列（LA）、快速通道（Fast Track）和输入/输出单元（IOE）四部分构成。其中，逻辑阵列是由多个逻辑阵列块组成的，每个逻辑阵列块又包含 8 个逻辑单元（Logic Element）和一个局部互连通道（Local Interconnect）。8 个逻辑单元由局部互连通道连接起来。逻辑阵列块按行和列的形式排列在芯片中，每行逻辑阵列块中放置一个嵌入式阵列块，行列之间的信号通过快速通道连接起来。在每条快速通道的两端都有 I/O 单元，这些 I/O 单元与芯片的引脚相连。FLEX 10K 系列 PLD 芯片的结构图如图 2-11 所示。

图 2-11　FLEX 10K 系列 PLD 芯片的结构

1. 嵌入式阵列

嵌入式阵列是由一系列的 EAB（嵌入式阵列块）构成的。当要实现有关存储器功能时，每个 EAB 可提供 2048 位，用于构成 RAM、ROM、FIFO 或双端口 RAM。当 EAB 用于实现乘法器、微控制器、状态机及 DSP 等复杂逻辑时，每个 EAB 可以相当于 100～600 个逻辑门。EAB 可以单独使用，也可以组合起来使用。嵌入式阵列块（EAB）的结构如图 2-12 所示。

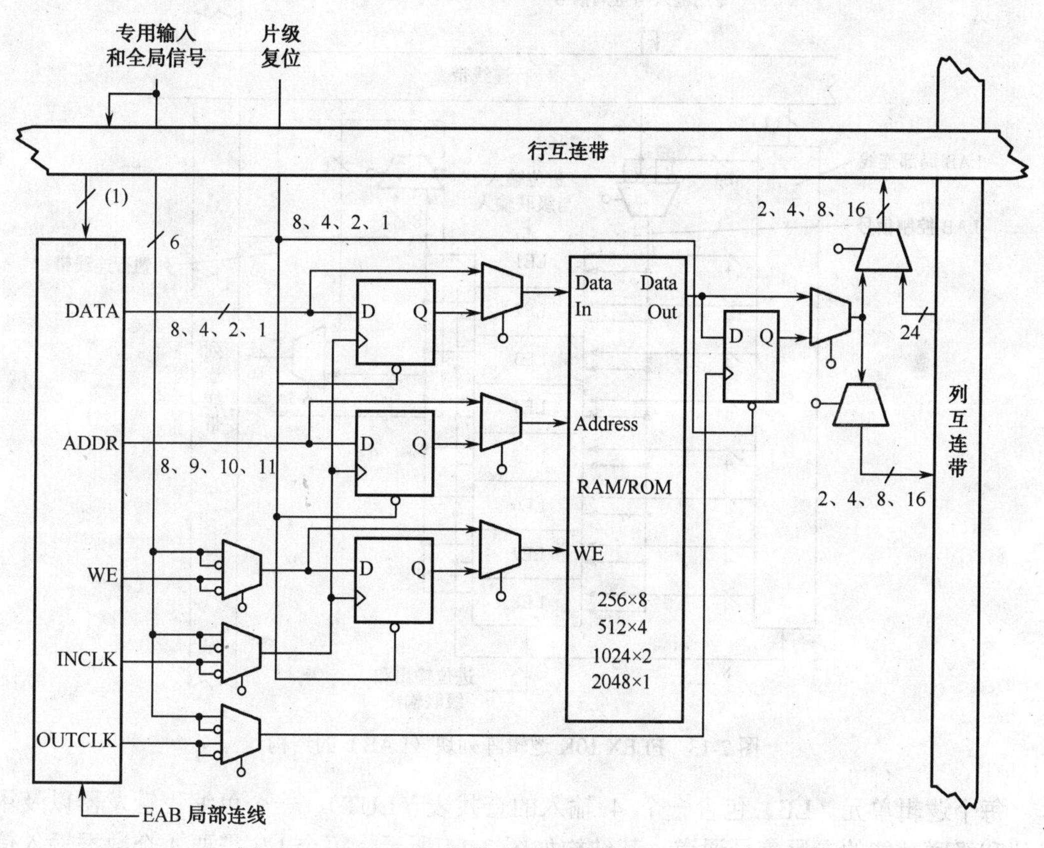

图 2-12 FLEX 10K 器件嵌入式阵列块（EAB）的结构

当用做 RAM 时，每个 EAB 可被配置成 256×8、512×4、1024×2 或 2048×1 四种不同的格式。对于不同的配置形式，RAM 所需的数据线和地址线的数量是不同的。例如对于 256×8 配置，需要 8 条数据输入线、8 条数据输出线和 8 条地址线。

更大的 RAM 可由多个 EAB 组合而成，如两个 256×8 的 RAM 块可组成一个 256×16 的 RAM。必要时，可将所有的 EAB 级联起来组成一个 RAM 块而不影响时序。

另外还有 6 个用于驱动寄存器控制端的专用输入引脚，以确保高速、低时滞（小于 1.5 ns）控制信号的有效分布。这些信号使用了专用的布线通道，以缩短延时和减小失真。4 个全局信号可由 4 个专用输入引脚驱动，也可以由器件内部逻辑驱动。

RAM 的输入/输出端都有触发器，用户可根据自己的需要选择是否使用触发器。RAM 的数据输入和地址输入信号来自 EAB 局部互连通道，局部互连通道的信号又来自行互连通道。触发器的时钟信号和 RAM 的写使能信号既可由局部互连通道驱动，也可由 6 条专用输

入及全局信号驱动。这 6 条信号使用专用布线通道，比行列互连通道的延迟短。RAM 最后的输出分别送到行列互连通道。

2. 逻辑阵列

逻辑阵列由一组逻辑阵列块（LAB）构成。每个 LAB 由 8 个逻辑单元（LE）和一些局部互连组成，结构如图 2-13 所示。

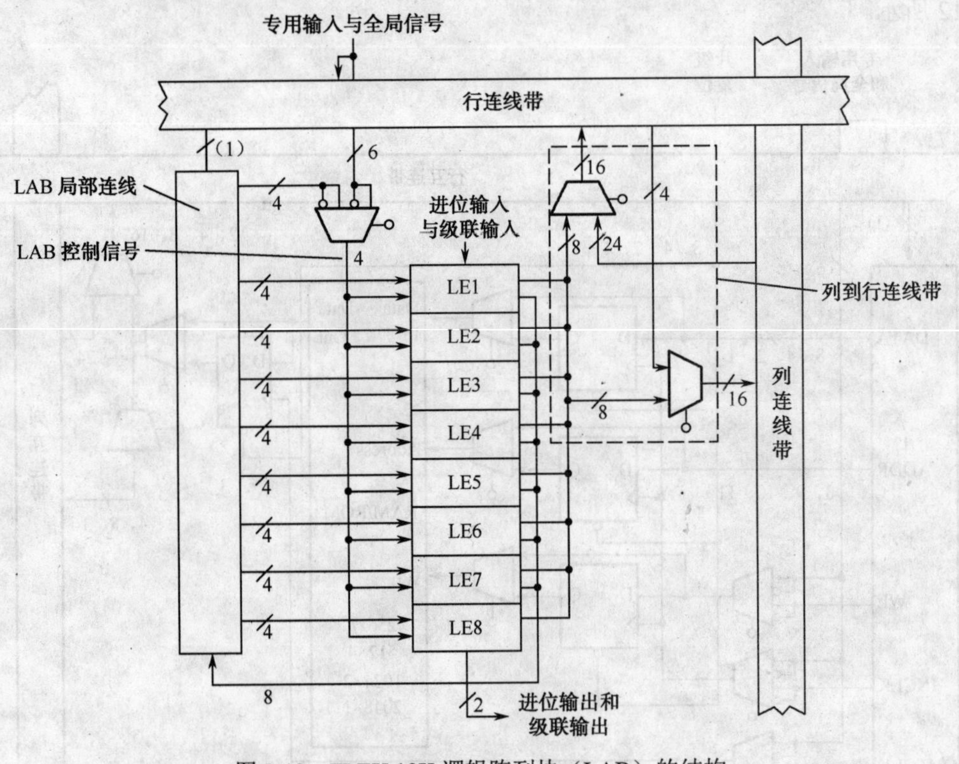

图 2-13　FLEX 10K 逻辑阵列块（LAB）的结构

每个逻辑单元（LE）包含一个 4 输入的查找表（LUT）、一个可编程触发器以及用于进位和级联功能的专用信号通道，其结构如图 2-14 所示。每个 LE 需要 4 个数据输入信号和 4 个控制输入信号。数据信号由 LAB 局部互连通道提供，控制信号既可由 LAB 局部互连通道提供，也可由 6 条专用输入及全局信号提供。每个 LE 有两路输出：一路输出送到行、列互连通道；另一路返回 LAB 局部互连通道。另外，还有两条贯穿 8 个 LE 的进位级联信号。

3. 快速通道

逻辑单元和器件 I/O 引脚之间的连接是由沿纵、横方向贯穿整个器件的快速通道互连提供的。这种全局布线结构提供了可预测的性能。每一行的逻辑阵列块 LAB 由一个专用的行互连为其“服务”，该行互连可以驱动 I/O 引脚或馈送到器件中的其他 LAB。列互连分布于两行之间，也能驱动 I/O 引脚。每一列 LAB 由一个专用的列互连为其“服务”，该列互连可以驱动 I/O 引脚或者另一行的互连，也便于将信号馈送到器件中的其他 LAB。

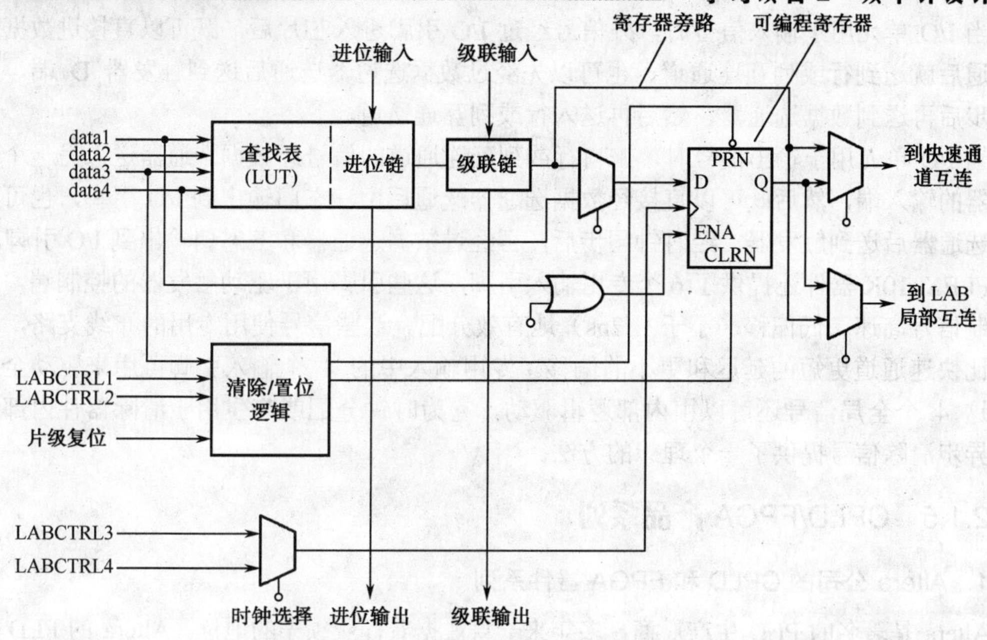

图 2-14　FLEX 10K 逻辑单元（LE）结构图

4．输入/输出单元

输入/输出单元（IOE）处于快速通道的每一行/列的末端。每个 I/O 单元与一个 I/O 引脚相配合，其中包含一个双向缓冲器和一个可作为输入或输出寄存器以馈送输入、输出或双向信号的触发器，输入/输出单元的内部结构如图 2-15 所示。

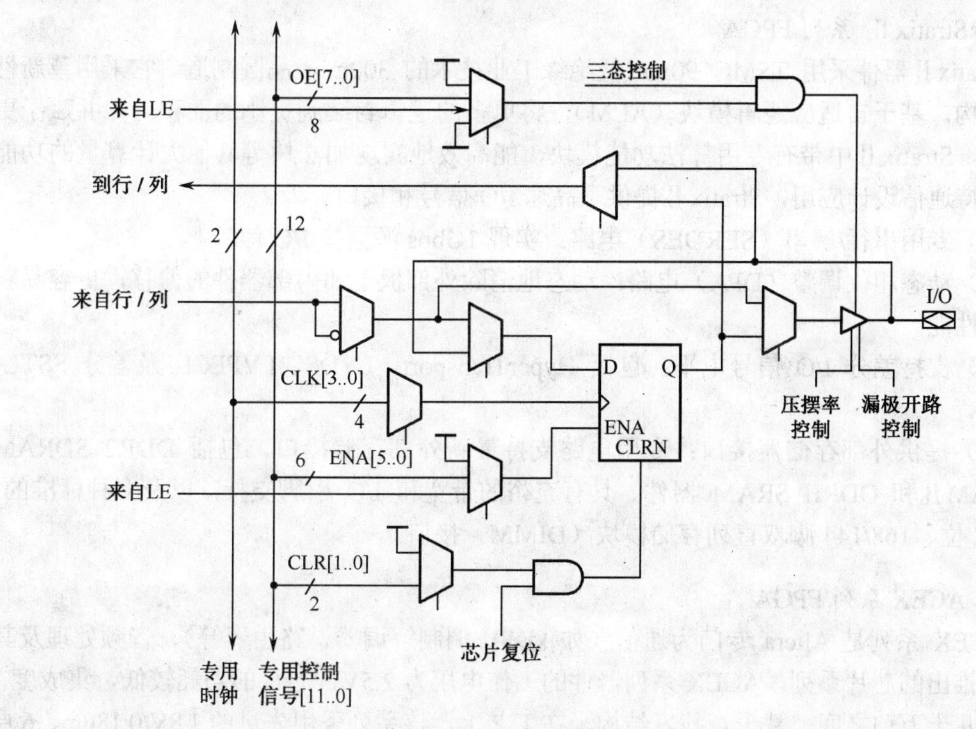

图 2-15　FLEX 10K 器件的输入/输出单元的内部结构

当 I/O 单元用于输入信号时，外信号经过 I/O 引脚进入芯片后，既可以直接进数据选通器选通后就送到行或列互连通道，也可以先经过数据选通器选通后送到触发器 D 端，经时钟同步后再送到数据选通器，然后再送入行或列互连通道。

当 I/O 单元用于输出信号时，来自行或列互连通道的信号经数据选通器送入另一个数据选通器的输入端，然后既可以直接经数据选通器选通后由三态门输出到 I/O 引脚，也可以经数据选通器后送到触发器，经时钟同步后，再经过数据选通器和三态门输出到 I/O 引脚。

FLEX 10K 器件还提供了 6 个专用输入引脚，这些引脚用于驱动触发器的控制端，以确定控制信号高速、低偏移（小于 1.2ns）地有效分配。这些信号使用专用的布线支路，以便具有比快速通道更短的延迟和更小的偏移。专用输入中的 4 个输入引脚可用来驱动全局信号，这 4 个全局信号还可以由内部逻辑驱动，它为时钟分配或产生用于清除器件内部寄存器的异步清除信号提供了一个理想的方法。

2.1.5 CPLD/FPGA 产品系列

1. Altera 公司的 CPLD 和 FPGA 器件系列

Altera 是著名的 PLD 生产厂商，多年来一直占据着行业领先的地位。Altera 的 PLD 具有高性能、高集成度和高性价比的优点，此外它还提供了功能全面的开发工具和丰富的 IP 核、宏功能库等，因此 Altera 的产品获得了广泛的应用。Altera 的产品有多个系列，按照推出的先后顺序依次为 Classic 系列、MAX（Multiple Array Matrix）系列、FLEX（Flexible Logic Element Matrix）系列、APEX（Advanced Logic Element Matrix）系列、ACEX 系列、APEX Ⅱ系列、Cyclone 系列、Stratix 系列、MAX Ⅱ系列、Cyclone Ⅱ/Ⅲ系列以及 Stratix Ⅱ/Ⅲ系列等。

1）Stratix Ⅱ 系列 FPGA

Stratix Ⅱ器件采用 TSMC 90nm 低绝缘工业技术的 300mm 晶圆制造。它采用革新性的逻辑结构，基于自适应逻辑模块（ALM），将更多的逻辑封装到更小的面积内，并赋予更快的性能。Stratix Ⅱ中带有专用算法功能模块，能高效地实现加法树等其他大计算量的功能。为了支持通信设计应用，Stratix Ⅱ提供了高速 I/O 信号和接口。

（1）专用串行/解串（SERDES）电路：实现 1Gbps 源同步 I/O 信号。

（2）动态相位调整（DPA）电路：动态地消除外部板子和内部器件的偏移，更容易获得最佳的性能。

（3）支持差分 I/O 信号电平：包括 HyperTransport、LVDS、LVPECL 及差分 SSTL 和 HSTL。

（4）提供外部存储器接口：专用电路支持最新外部存储接口，包括 DDR2 SDRAM、RLDRAM Ⅱ和 QDRII SRAM 器件。具有充裕的带宽和 I/O 引脚支持，以及多种标准的 64 位或 72 位、168/144 脚双直列存储模块（DIMM）接口。

2）ACEX 系列 FPGA

ACEX 系列是 Altera 专门为通信（如 xDSL 调制解调器、路由器等）、音频处理及其他应用而推出的芯片系列。ACEX 系列器件的工作电压为 2.5V，芯片的功耗较低，集成度在 3 万门到几十万门之间，基于查找表结构。在工艺上，该系列采用先进的 1.8V/0.18μm、6 层金

属连线的SRAM工艺制成，封装形式则包括BGA、PQFP、TQFP等。

3）MAX系列CPLD

MAX系列包括MAX9000、MAX7000A、MAX7000B、MAX7000S、MAX3000A等器件系列。这些器件的基本结构单元是乘积项，在工艺上采用E^2PROM和EPROM。器件的编程数据可以永久保存，可加密。MAX系列的集成度在数百门到2万门间。所有MAX系列的器件都具有ISP在系统编程的功能，支持JTAG边界扫描测试。

4）Cyclone系列低成本FPGA

Cyclone系列FPGA是Altera的低成本系列FPGA，平衡了逻辑、存储器、锁相环（PLL）和高级I/O接口，是价格敏感应用的最佳选择。Cyclone FPGA具有以下特性：

（1）新的可编程构架通过设计可实现低成本；

（2）嵌入式存储资源支持各种存储器应用和数字信号处理（DSP）实施；

（3）专用外部存储接口电路集成了DDR FCRAM、SDRAM器件以及SDR SDRAM存储器件；

（4）支持串行、总线和网络接口及各种通信协议；

（5）使用片内锁相环PLL管理片内和片外系统时序；

（6）支持单端I/O标准和差分I/O技术，支持高达311Mbps的LVDS信号；

（7）处理能力支持NiosⅡ系列嵌入式处理器；

（8）采用新的串行配置器件的低成本配置方案；

（9）通过QuartusⅡ软件OpenCore评估特性，免费评估IP功能。

5）CycloneⅡ系列FPGA

CycloneⅡ器件的制造基于300mm晶圆，采用TSMC 90nm、低K值电介质工艺。CycloneⅡFPGA系列也是低成本系列FPGA，其结构功能与Cyclone类似，另包括多达150个18×18用于嵌入式处理器的低成本数字信号处理（DSP）应用，支持单端I/O标准用于64bit/66MHz PCI和64bit/100MHz PCI-X（模式1）协议，并且对安全敏感应用进行自动CRC检测。

2. Lattice公司CPLD器件系列

著名的PLD生产厂商除了Altera以外，还有Lattice公司和Xilinx等公司。Lattice公司是最早推出PLD的公司，该公司的CPLD产品主要有ispLSI、ispMACH等系列。20世纪90年代以来，Lattice公司率先发明了ISP（In-System Programmability）下载方式，并将E^2CMOS与ISP相结合，使CPLD的应用领域有了巨大的扩展。

ispLSI系列器件是Lattice公司于20世纪90年代推出的大规模可编程逻辑器件，集成度在1000～60000门之间，Pin-to-Pin（引脚到引脚）延时最小可达3ns。ispLSI器件支持在系统编程和JTAG边界扫描测试功能。ispMACH4000系列CPLD器件有3.3V、2.5V和1.8V三种供电电压，分别属于ispMACH 4000V、ispMACH 4000B和ispMACH 4000C系列器件。

ispMACH4000Z、ispMACH4000V和ispMACH4000Z均支持军用温度范围。ispMACH 4000系列支持1.8～3.3V的I/O标准，既有业界领先的速度性能，又能提供最低的动态功耗。

3. Xilinx 公司的 FPGA 和 CPLD 器件系列

Xilinx 公司在 1985 年首次推出了 FPGA，随后不断推出新的集成度更高、速度更快、价格更低、功耗更低的 FPGA 器件系列。Xilinx 公司拥有以 CoolRunner、XC9500 系列为代表的 CPLD，以及以 XC4000、Spartan、Virtex 系列为代表的 FPGA 器件，如 XC2000、XC4000、Spartan、Virtex、Virtex Ⅱ pro、Virtex 4 等系列，其性能不断提高。

1）Virtex-4 系列 FPGA

Virtex-4 系列 FPGA 采用已验证的 90nm 工艺制造，可提供密度达 20 万逻辑单元和高达 500MHz 的性能。整个系列分为三个面向特定应用领域而优化的 FPGA 平台架构。

（1）面向逻辑密集的设计：Virtex-4 LX。

（2）面向高性能信号处理应用：Virtex-4 SX。

（3）面向高速串行连接和嵌入式处理应用：Virtex-4 FX。

这三种平台 FPGA 都内含 DCM 数字时钟管理器、PMCD 相位匹配时钟分频器、片上差分时钟网络、带有集成 FIFO 控制逻辑的 500MHz SmartRAM 技术，以及 Xtreme DSP 逻辑模块。每个 I/O 都有集成 ChipSync 源同步技术的 1 Gbps I/O。Vitex-4 LX 提供了所有共同特性，密度高达 20 万逻辑单元。Virtex-4 SX/LX 器件都包括了基本的特性集，而 SX 还集成了更多的 SmartRAM 存储器块和多达 512 个 XtremeDSP 逻辑模块。在最高 500MHz 时钟速率下，这些硬件算术资源可提供高达 256 GigaMACs/s 的 DSP 总带宽，功耗却仅为 57μW/MHz。

2）Spartan Ⅱ & Spartan-3 & Spartan 3E 系列器件

Spartan Ⅱ器件是以 Virtex 器件的结构为基础发展起来的第二代高容量 FPGA。Spartan Ⅱ器件的集成度可以达到 15 万门，系统速度可达到 200MHz，能达到 ASIC 的性价比。Spartan Ⅱ器件的工作电压为 2.5V，采用 0.22μm/0.18μm CMOS 工艺，6 层金属连线制造。Spartan-3 采用 90nm 工艺制造，是 Spartan Ⅱ的后一个低成本 FPGA 版本。

3）XC9500 & XC9500XL 系列 CPLD

XC9500 系列被广泛地应用于通信、网络和计算机等产品中。该系列器件采用快闪存储技术（Fast Flash），比 E^2CMOS 工艺的速度更快，功耗更低。目前，Xilinx 公司 XC9500 系列 CPLD 的 t_{PD} 可达到 4ns，宏单元数达到 288 个，系统时钟可达到 200MHz。XC9500 器件支持 PCI 总线规范和 JTAG 边界扫描测试功能，具有在系统可编程（ISP）能力。该系列有 X9500、XC9500XV 和 XC9500XL 三种类型，内核电压分别为 5V、2.5V 和 3.3V。

2.2 频率计逻辑功能分析

频率计是常用的测量仪器，它是通过对单位时间内的信号脉冲进行计数，实现信号频率测量的电路。频率的定义是单位时间（1s）内周期信号的变化次数。若在一定时间间隔 T 内测得周期信号的重复变化次数为 N，则其频率为

$$f=\frac{N}{T} \tag{2.1}$$

式中，若令 T=1s，则 f=N。

根据上述原理可得频率计的原理框图，如图 2-16 所示。

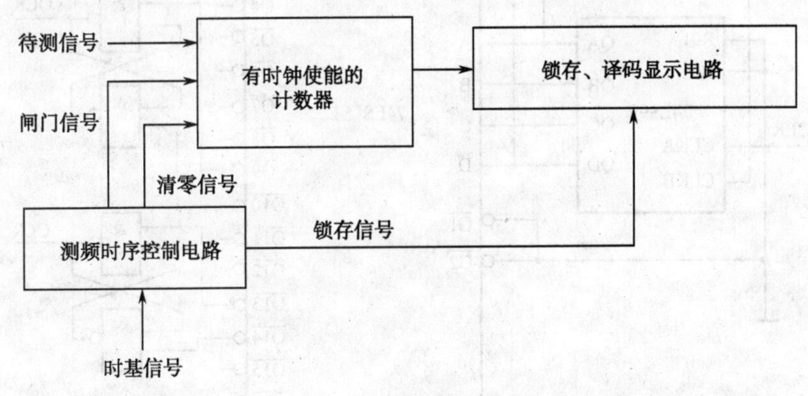

图 2-16　频率计的原理框图

如图 2-16 所示，该频率计由测频时序控制电路、有时钟使能的计数器以及锁存、译码显示电路三部分组成。频率计工作时，将选定的时基信号送到测频时序控制电路的时钟端，触发测频时序控制电路，这样测频时序控制电路就会输出一个具有固定宽度 T 的方波脉冲，该方波脉冲称为闸门信号，T 称为闸门时间。该闸门信号是对待测频率脉冲的计数允许信号，被送到有时钟使能的计数器，控制计数器对待测信号计数的起止，当闸门信号为高电平时，允许计数；当闸门信号为低电平时，禁止计数。计数结束后，测频时序控制电路会产生一个锁存信号给锁存、译码显示电路，锁存器会锁存计数器的计数值，并送到译码显示电路显示该计数值，即为被测信号的频率。因为若设该计数值为 N，被测信号频率为 f_x，周期为 T_x，则在闸门时间 T 内通过的待测信号脉冲个数 N 为

$$N=\frac{T}{T_x}=Tf_x \tag{2.2}$$

因此，被测信号的频率为

$$f_x=\frac{N}{T} \tag{2.3}$$

可见 T=1s 时，计数器的计数值即为被测信号的频率。

再经过一段时间，测频时序控制电路还会产生一个清零信号，使计数器清零，为下一次测量做好准备。下面介绍 2 位十进制数字频率计的实际电路，在此基础上可以扩展为任意位数的频率计。

2.2.1　测频时序控制电路

图 2-17 所示电路是由 1 片 4 位二进制计数器 74LS93、1 片 4 线-16 线译码器 74LS154 和 2 个由门电路构成的基本 RS 触发器构成的。将时基信号 CLK 加到 74LS93 的时钟信号端 CLKA，该电路能够产生频率计所需的闸门信号 CNT_EN、锁存信号 LOCK 及清零信号 CLR，其时序图如图 2-18 所示。

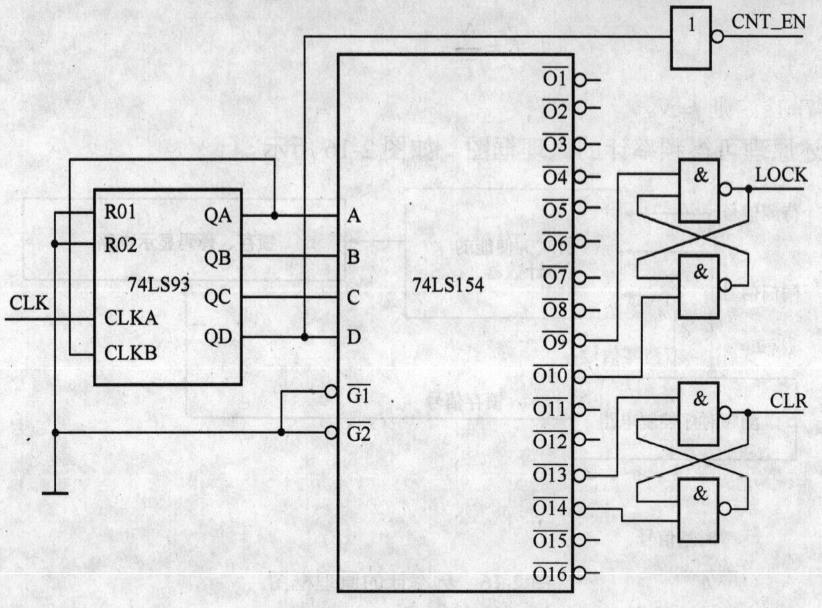

图 2-17　测频控制电路

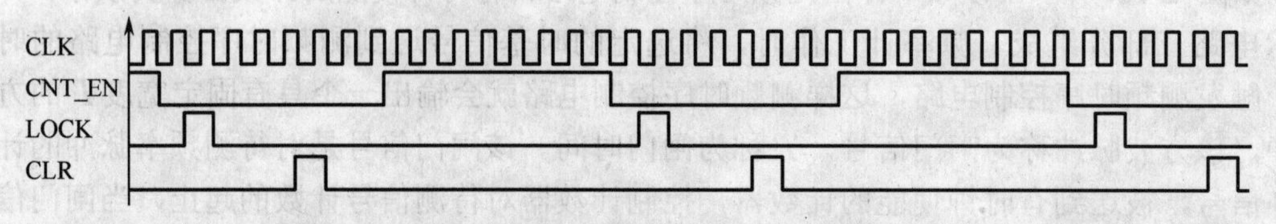

图 2-18　测频控制电路的时序图

2.2.2　有时钟使能的 2 位十进制计数器

有时钟使能的 2 位十进制计数器如图 2-19 所示。

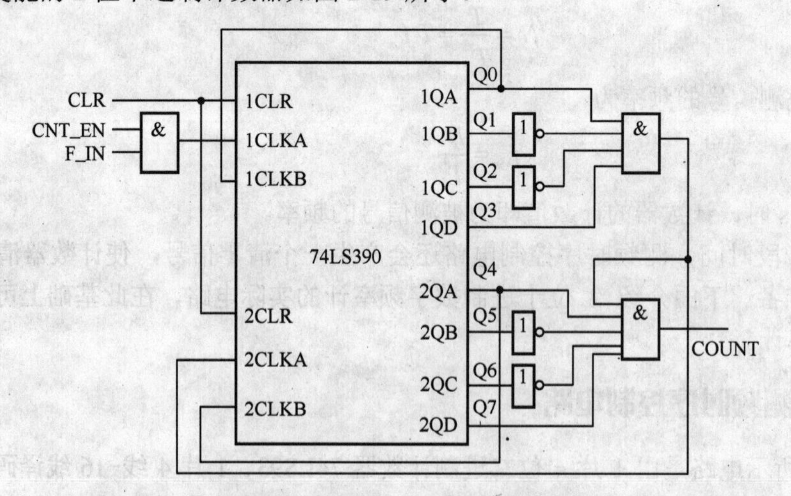

图 2-19　有时钟使能的 2 位十进制计数器

图 2-19 所示电路是由 1 片双二-五-十进制 74LS390 和若干个门电路构成的，片内每个二-五-十进制的 CLKB 端都和各自的 QA 端相连，得到两个十进制计数器，并且将前者的

状态 1001 通过门电路接到后者的时钟端 2CLKA，级联成百进制计数器；二者的 CLR 端接在一起，作为公共的清零端 CLR；F_IN 为待测频率信号脉冲，CNT_EN 为测控时序控制电路送过来的闸门信号，这两个信号相与后作为第一个十进制计数器的时钟脉冲 1CLKA；COUNT 为进位输出脉冲，以便将该电路扩展为 *n* 位频率计。

该电路的逻辑功能为：当清零信号 CLR 为高电平，计数器清零；当清零信号 CLR 为低电平时，清零端无效，计数器的工作状态取决于闸门信号。当闸门信号 CNT_EN 为高电平，待测信号脉冲被送到第一个十进制计数器的时钟脉冲端 1CLKA，计数器开始计数；当闸门信号 CNT_EN 为低电平时，1CLKA 被封锁为低电平，计数器停止计数。频率测量范围为 0～99Hz。

2.2.3 锁存、译码显示电路

2 位十进制数字频率计的锁存、译码显示电路如图 2-20 所示。

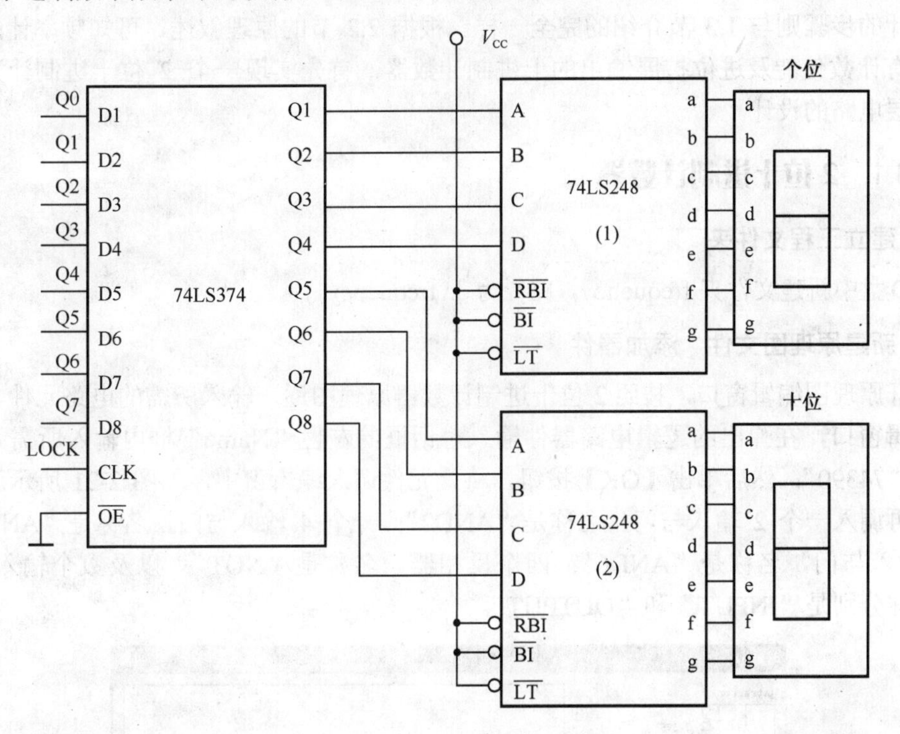

图 2-20 锁存、译码显示电路

图 2-20 所示电路是由 1 片 8 位锁存器 74LS374、2 片七段显示译码器 74LS248 及 2 片共阴数码管构成的。74LS374 的数据输入端 D1～D8 来自图 2-20 所示计数器的输出端 Q0～Q7；当测控时序控制电路送过来的锁存信号 LOCK 出现上升沿时，74LS374 正常工作，实现锁存功能，计数器的输出状态被送到 74LS374 的输出端，然后这 8 个信号又被分别送到 2 片显示译码器 74LS248 的数据输入端，经显示译码驱动电路，驱动数码管，将待测信号频率数字显示出来。

将上述 3 个单元电路按照原理框图的信号流向连接起来，就可以得到一个 2 位十进制频率计。该频率计只有两个输入信号：待测频率信号 F_IN 和时基信号 CLK。为了保证计数

器在闸门信号有效时间内的计数值就是待测频率信号的频率值，应该使 CLK 的频率为 8Hz，即使闸门信号的闸门时间为 1s。

该频率计的逻辑功能为：将频率为 8Hz 的时基信号 CLK 加到测频时序控制电路的时钟端，测频时序控制电路就会产生频率计所需的闸门信号 CNT_EN、锁存信号 LOCK 及清零信号 CLR。当闸门信号为高电平时，计数器开始计数；当闸门信号下降为低电平时，计数器计数停止。再根据测频时序控制电路的时序，锁存信号有效，锁存器锁存计数器的计数值，并通过译码驱动显示电路，将待测信号频率显示在数码管上。再经过一段时间，清零信号有效，计数器被清零，等待下一次测量。

2.3 频率计原理图输入设计

本节通过设计一个 2 位十进制频率计，学习基于原理图编辑器的层次化设计方法，频率计设计的步骤则与 1.3 节介绍的完全一样。根据 2.2 节的原理叙述，可知频率计的核心元件是含有计数使能及进位扩展输出的十进制计数器，首先实现一个 2 位十进制计数器，再进行顶层电路的设计。

2.3.1 2 位十进制计数器

1. 建立工程文件夹

在 D 盘中新建文件夹 frequency，路径为 d:\ frequency。

2. 新建原理图文件，添加器件

打开原理图编辑窗口，按照 2 位十进制计数器原理图逐一输入所需的电路元件。双击原理图编辑窗口，在弹出的逻辑电路器件输入对话框的左栏“Name”框内输入所需元件的名称，如“74390”，然后单击【OK】按钮，将此元件调入编辑窗中，如图 2-21 所示。以同样的方法再调入一个 2 输入与门，名称是“AND2”；一个 4 输入与门，名称是“AND4”；一个 6 输入与门，名称是“AND6”；四个反相器，名称是“NOT”；以及数个输入/输出端口，名称分别是“INPUT”和“OUTPUT”。

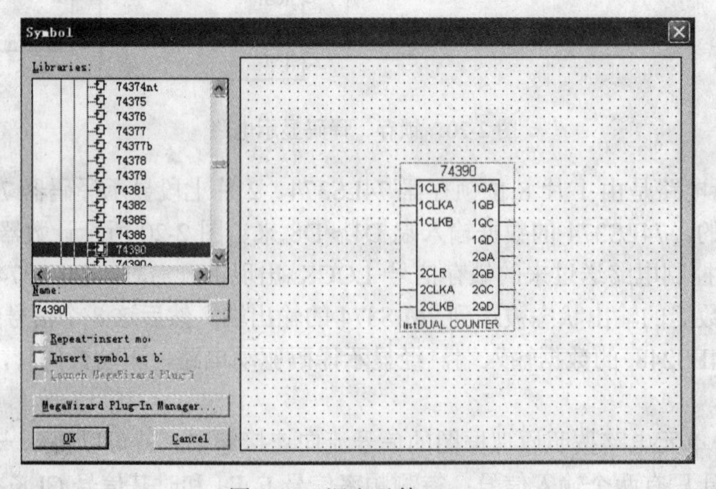

图 2-21 调出元件 74390

3. 连接器件

元器件全部调入后，用鼠标将它们按照所需的逻辑功能连接起来，如图 2-22 所示。

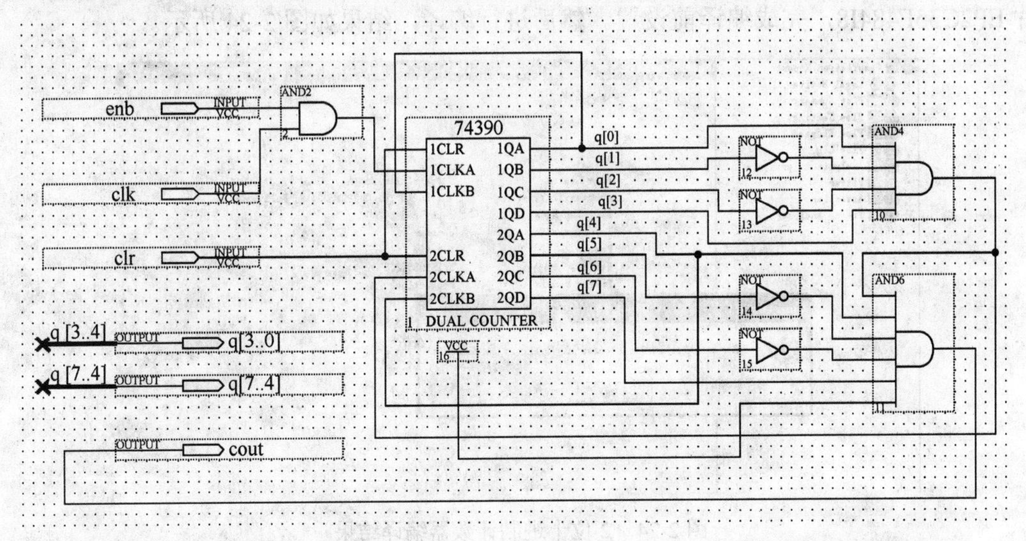

图 2-22　用 74390 设计一个有时钟使能的 2 位十进制计数器

若要将一根细线变成以粗线显示的总线，可先将其单击使其变成蓝色，再单击右键选择菜单中的“Bus Line”项，如图 2-23 所示。若要在某线上加信号标号，可应先单击使线变成蓝色，再单击右键选择菜单中的“Properties”项，在“name”框中输入标号即可。标有相同标号的线段可视为连接线段，不必直接连接。如图 2-23 中一根 4 位总线 q[3..0]与标号为“q[0]”、“q[1]”、“q[2]”、“q[3]”的四个线段可视为连接线段。

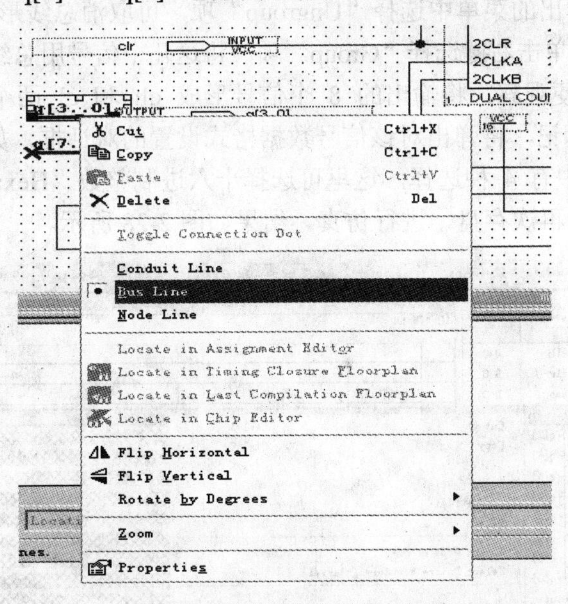

图 2-23　总线及信号标号的画法

4. 保存文件

电路图完成后，保存文件，输入文件名为“counter.bdf”。

5．创建工程并编译

创建设计工程，工程名为“counter”，将设计文件 counter.bdf 加入工程中，再选择目标芯片 EP2C35F484I8，完成编译前设置。然后进行编译，结果如图 2-24 所示。

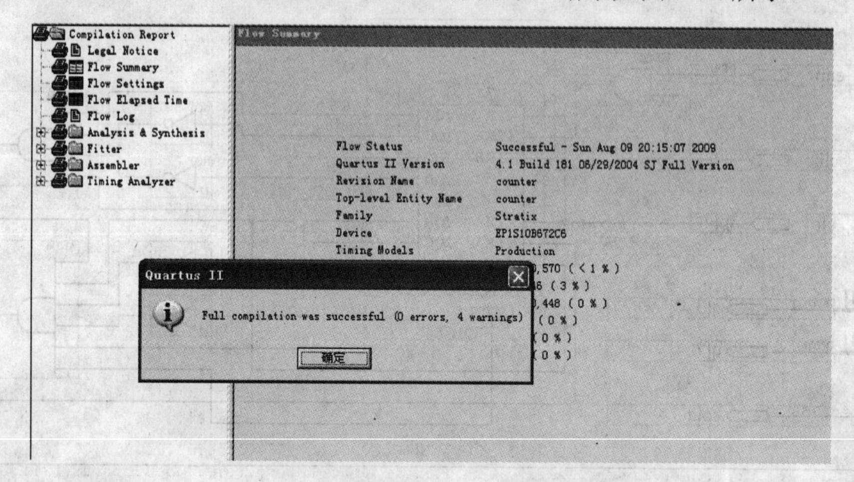

图 2-24　2 位十进制计数器编译结果

6．仿真

对电路工程编译通过后，进入仿真环节。首先打开波形编辑器，设置合适的仿真时间，建立波形文件，存盘。再加入 clk、clr、enb、cout 和输出总线信号 q 等端口信号名。编辑输入波形，分别给 clk 和 enb 设置合适的电平，设置 clk 的时钟周期为 20ns。单击如图 2-25 所示窗口中输出信号“q”左侧的“+”按钮，则能展开此总线中的所有信号；若选中“q”信号后单击右键，在弹出的菜单中选择“Ungroup”项，可取消总线形式，如图 2-25 所示。也可以选中几个信号，单击右键选择“Group”项，将这几个信号用总线的形式表示，如图 2-26 所示。本设计为方便观察，将输出的 8 个信号形成 qh 和 ql 两个总线信号。如果双击“+”按钮左侧的信号标记，将弹出对该信号数据格式设置的对话框，如图 2-27 所示。在该对话框的“Radix”栏中有 4 种选择，这里可选择十六进制整数“Hexadecimal”表达方式。设置完成后对波形文件再次存盘，进行仿真，结果如图 2-28 所示。

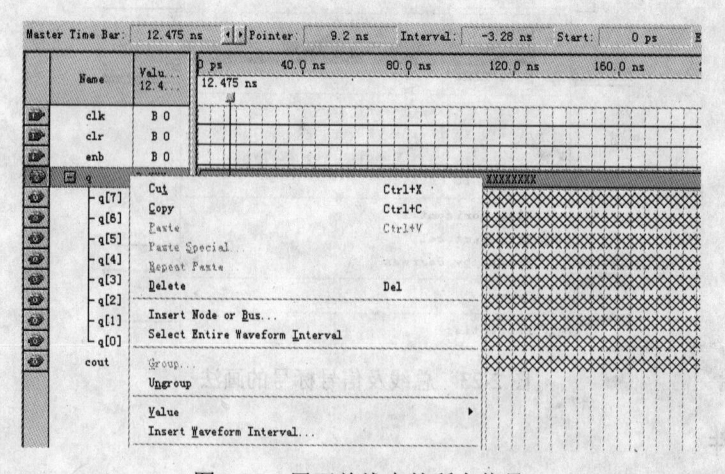

图 2-25　展开总线中的所有信号

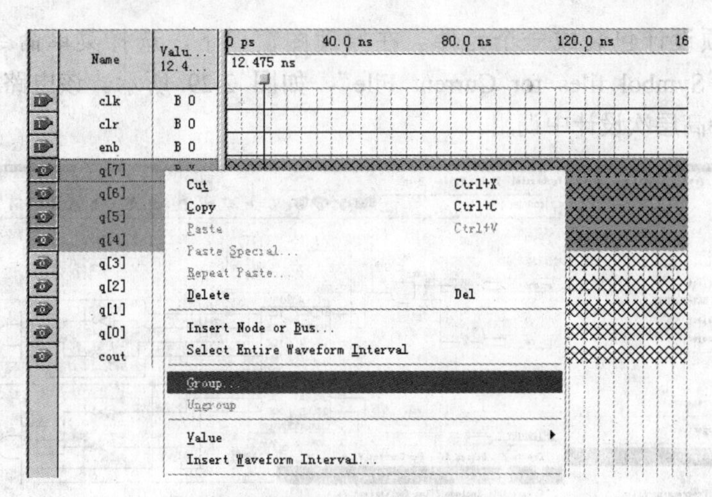

图 2-26　形成总线信号

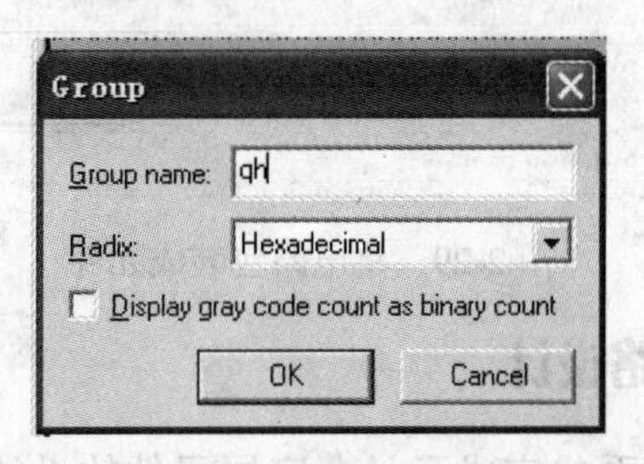

图 2-27　总线信号与数据格式设置

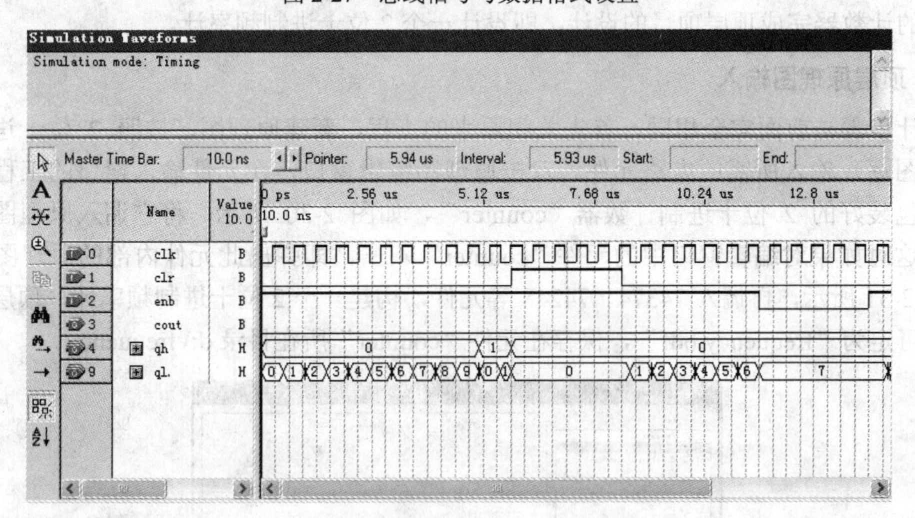

图 2-28　2 位十进制计数器仿真结果

在组合信号成总线时，要注意信号的排列顺序，从左向右是高位到低位。在 Group 时波形排列必须高位在上低位在下。如果要调整，可以拉动波形上下调整。

由仿真波形图可见，电路的功能完全符合原设计要求：当 clk 输入时钟信号时，clr 信号具有清零功能；当 enb 为高电平时允许计数，低电平时禁止计数；当低 4 位计数器计到 9 时向高 4 位计数器进位。另外，由于图中没有显示高 4 位计数器计到 9，所示看不到 count 的进位信号。

7. 包装

最后将此项设计包装成一个元件。在原理图窗口下，选择菜单命令“File→Create/Update→Create Symbol files for Current File”，如图 2-29 所示。该电路对应的元件名是“counter”，留待高层次设计中调用。

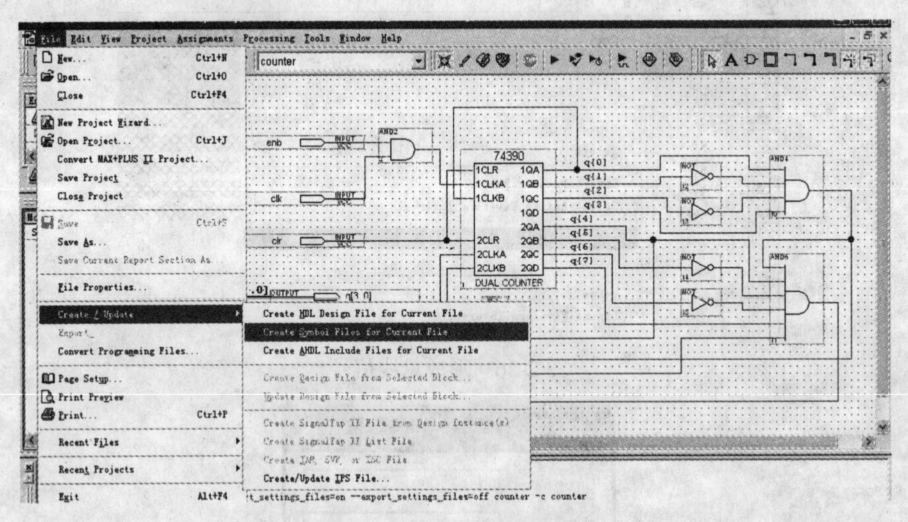

图 2-29　将电路包装成元件

2.3.2　频率计顶层电路设计

我们已将 2.3.1 节的工作看成完成了一个底层元件的设计，并被包装入库。现在利用已设计好的计数器完成顶层项目的设计，即设计一个 2 位十进制频率计。

1. 顶层原理图输入

设计步骤与前面完全相同，首先关闭原来的工程，新建原理图，按照 2 位十进制频率计原理图逐一输入所需的电路元件。双击原理图编辑窗口，在元件输入窗口的工程目录中找到已包装好的 2 位十进制计数器“counter”，如图 2-30 所示，将它调入原理图编辑窗口中。这时如果对编辑窗口中的元件“counter”双击，即弹出此元件内部的原理图。最后根据图 2-31 所示，再调入 74374、74248 等元件，构建一个 2 位十进制频率计，顶层原理图文件名可定为“frequency.bdf”，保存在元件“counter”所在目录 d:\ frequency。

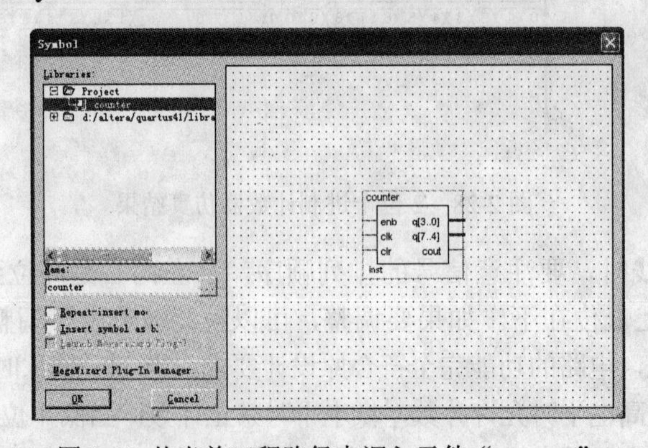

图 2-30 从当前工程路径中调入元件“counter”

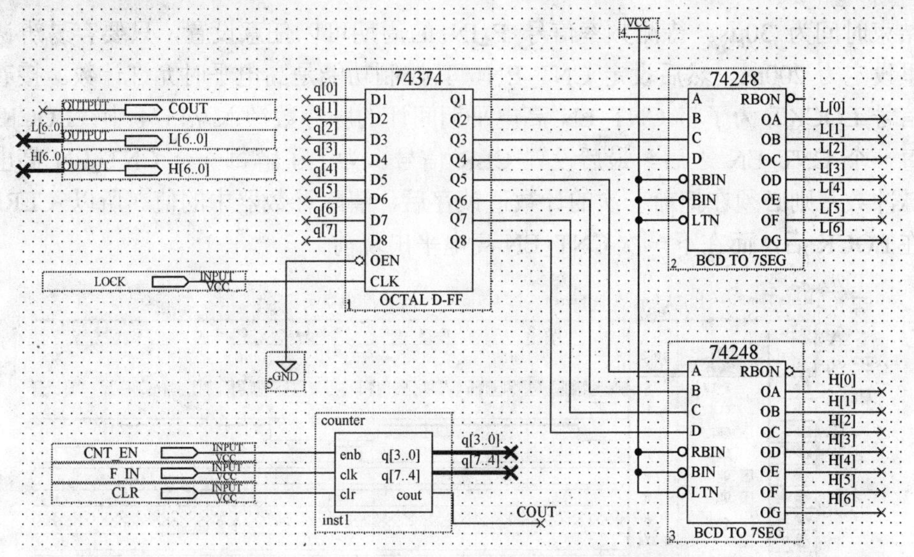

图 2-31　2 位十进制频率计顶层设计原理图文件

2. 创建顶层工程并编译

在原来的文件夹下创建一个新的工程，此时会出现图 2-32 所示提示框，提醒用户原来的文件夹下已有工程，是否把新工程建立在另一文件夹。因为底层和顶层文件必须在一起，所以单击【否】按钮，表示仍建立在同一文件夹下。工程名可取“frequency”，将原理图设计文件“frequency.bdf”加入工程中，再完成编译前设置，进行编译。此时单击“+”按钮左侧的信号标记，可以在工程窗口看到文件的层次，即“counter”与“frequency”之间的调用关系，如图 2-33 所示。

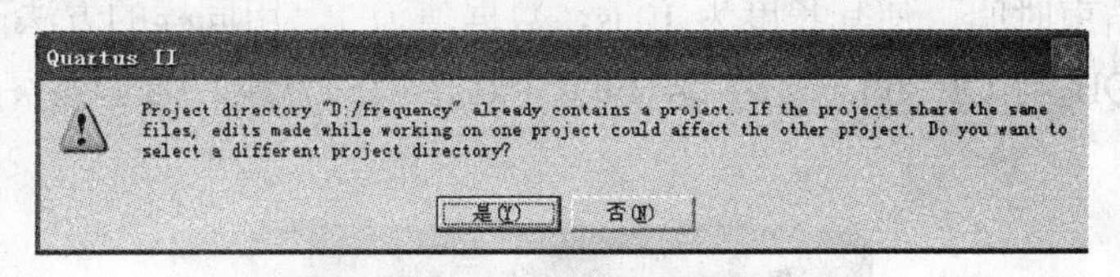

图 2-32　新工程建立提醒窗口

Project Navigator

Entity	Logic Cells	Dedicated
Cyclone II: EP2C35F484I8		
frequency	28 (0)	16 (0)
counter:inst	14 (4)	8 (0)
74374:inst1	8 (8)	8 (8)
74248:inst2	7 (7)	0 (0)
74248:inst3	7 (7)	0 (0)

Hierarchy | Files | Design Units

图 2-33　工程层次关系图

3. 仿真

图 2-34 所示是 vwf 波形文件，也就是仿真激励波形文件。这些信号的设置顺序是：首

先设置结束时间为 30μs。待测频率信号 F_IN 的周期可以任意设置，只要容易辨认脉冲即可，这里设定为 200ns。然后设定 CNT_EN，其控制功能是高电平时允许计数。接着设定计数锁存信号 LOCK。为了将 CNT_EN 高电平期间计的脉冲数锁入 74374 中，LOCK 信号必须放在每一个 CNT_EN 之后。最后设置 CLR 信号。为了了解每一个 CNT_EN 高电平期间所计的脉冲数，则必须在把前一次的计数值锁存后，清除计数器中的值。所以 CLR 信号必须紧跟在 LOCK 后，而在下一次 CNT_EN 高电平出现前。

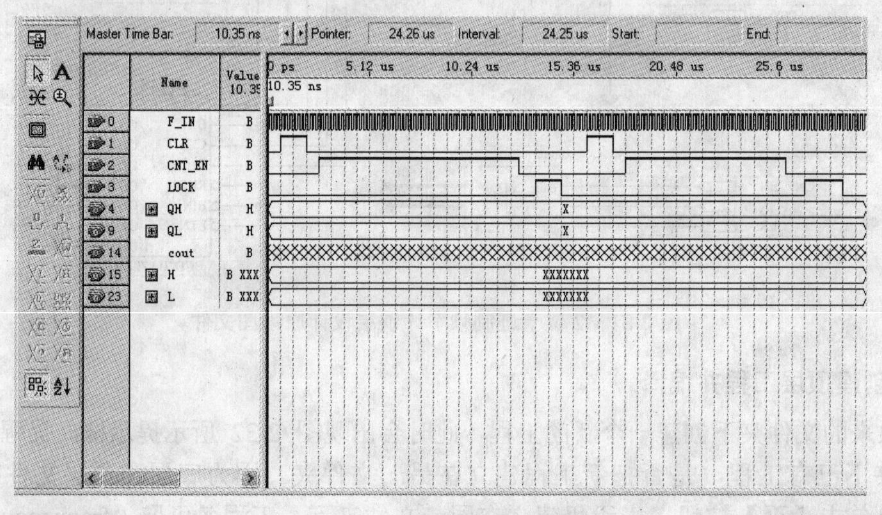

图 2-34　仿真激励波形图

为了仿真时观察频率计结果的变化，可以有意把 CNT_EN 设置成两个时间长度。在设置时，可以在坐标轴上拖动一小段，然后双击鼠标左键，弹出图 2-34 所示设置窗口，然后设定开始时间与结束时间，使其长度为 10us，数据值为 1。用同样的方法设置第二段持续为 8us。图 2-34 中 QH 与 QL 分别是 q7-q4 和 q3-q0 形成的总线。为了观察，可以增加 QH、QL 两路输出。

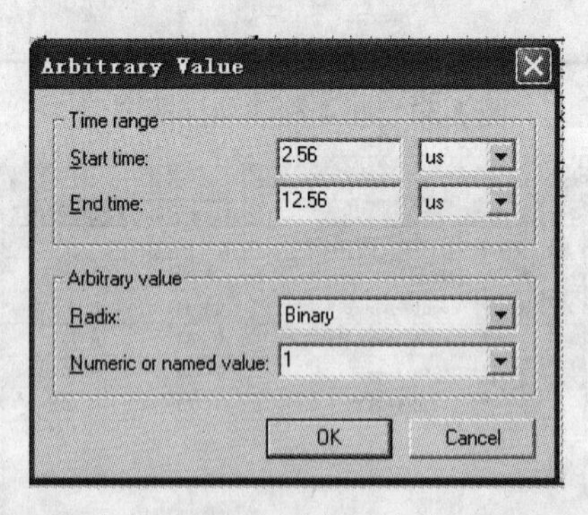

图 2-35　波形时间长度及数据设置

编译后的仿真波形如图 2-36 所示。可以看到 CNT_EN 为高电平时允许“counter”对 F_IN 计数，CNT_EN 为低电平时“counter”停止计数。由锁存信号 LOCK 发出的脉冲将“counter”中的计数结果——4 位二进制数“51”锁存进 74374 中，并由 74374 分高、低位通过总线 H[6..0]和 L[6..0]给 74248 译码输出显示，即测得的频率值。十进制显示值“51”

的 7 段译码值分别是“1101101”和“0000110”。此后由清零信号 CLR 对计数器“counter”清零，以备下一周期计数使用。

第二次计数由于 CNT_EN 允许计数的时间改变，“counter”中的结果是成了“41”，译码输出显示也变为“1100110”和“0000110”。

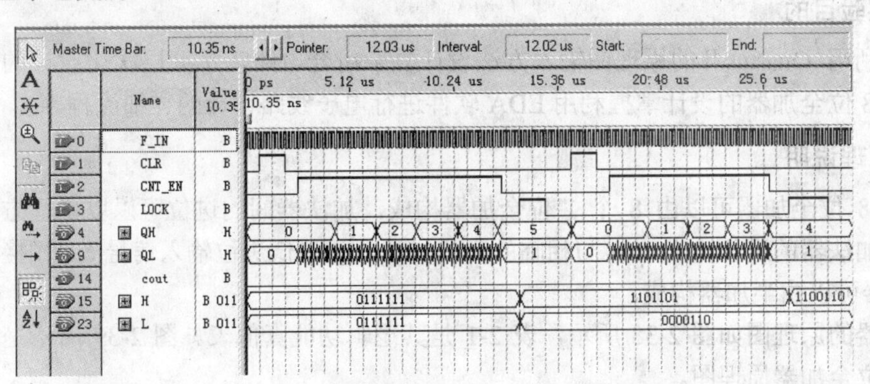

图 2-36　仿真波形图

2.3.3　引脚设置与下载

为了能对此频率计进行硬件测试，应将其输入/输出信号锁定在芯片确定的引脚上，编译后下载，以便对电路设计进行硬件测试。此例输入量有待测时钟信号和几个控制信号，可采用实验模式 2，CNT_EN 和 LOCK 分别设在键 1 和键 2，F_IN 可以接在连续时钟上，在测试时可接入大小不同的频率信号。输出可以接在数码管上来显示。

具体过程可参考 1.3.6 节。

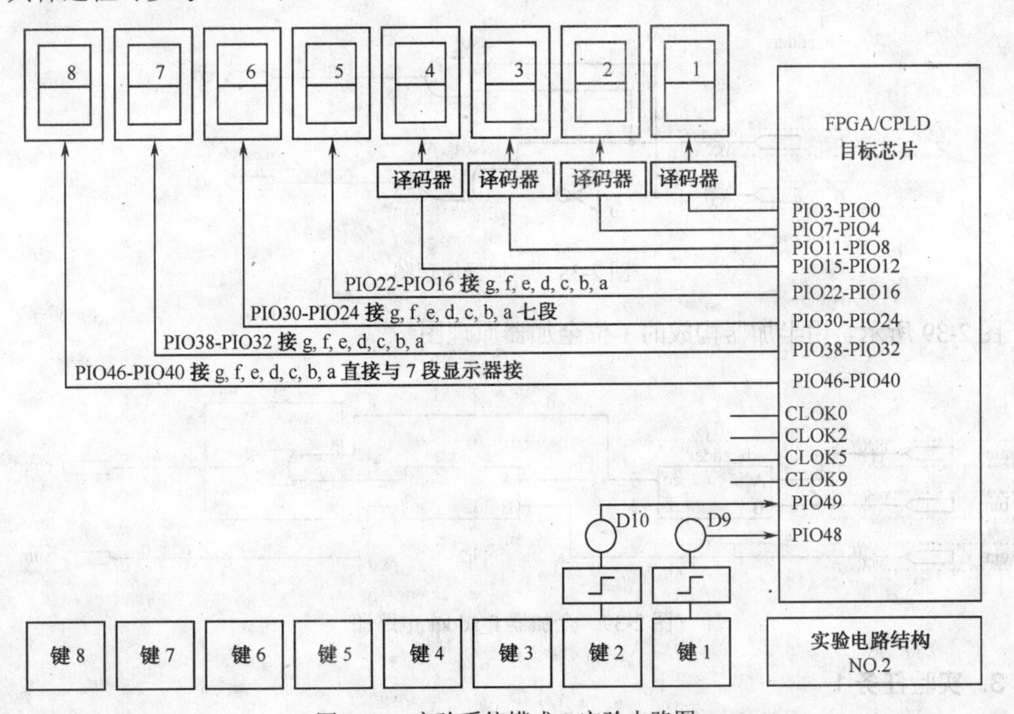

图 2-37　实验系统模式 2 实验电路图

操作测试 2 用原理图输入法设计 8 位全加器

班级________________ 姓名________________ 学号________________

1. 实验目的

熟悉利用 Quartus II 的原理图输入方法设计复杂组合电路，掌握层次化设计的方法，并通过一个 8 位全加器的设计掌握利用 EDA 软件进行电子线路设计的详细流程。

2. 原理说明

一个 8 位全加器可以由 8 个 1 位全加器构成，加法器间的进位可以以串行方式实现，即将低位加法器的进位输出 cout 与相临的高位加法器的最低进位输入信号 cin 相接。而一个 1 位全加器可以由半加器构成。

半加器的原理图如图 2-38 所示，表 2-1 是其逻辑功能真值表。图 2-39 所示是用半加器构成的 1 位全加器原理图。

表 2-1 半加器 h_adder 逻辑功能真值表

a	b	so	co
0	0	0	0
0	1	1	0
1	0	1	0
1	1	0	1

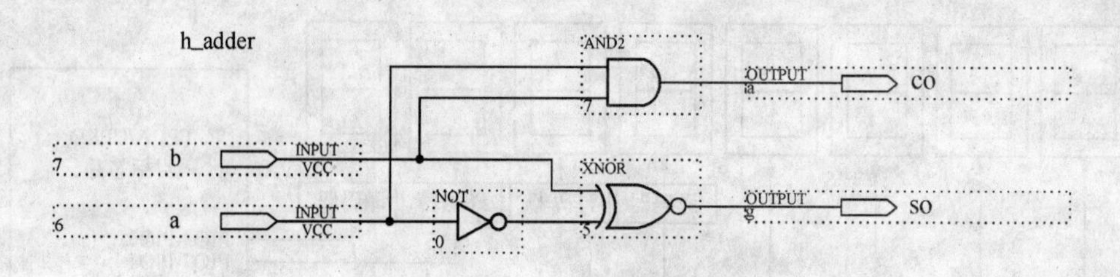

图 2-38 半加器原理图

图 2-39 所示是用半加器构成的 1 位全加器原理图

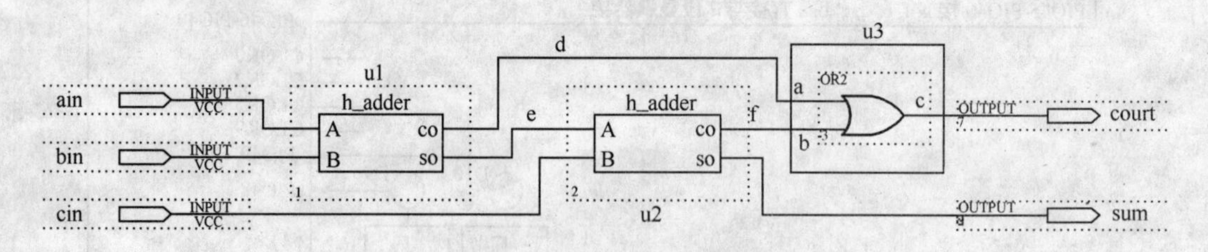

图 2-39 全加器 f_adder 电路图

3. 实验任务 1

根据本章介绍的设计流程，完成半加器和全加器的设计，包括原理图输入、编译、综

合、适配、仿真，并将此全加器电路设置成一个硬件符号入库。完成下表。

半加器元件符号			全加器元件符号	
ain	bin	cin	sum	cout
0	0	0		
0	0	1		
1	0	1		
1	1	0		
1	1	1		

4．实验任务2

建立一个更高的原理图设计层次，利用前面获得的 1 位全加器构成 8 位全加器，并完成编译、综合、适配、仿真。

8位全加器电路图

8位全加器仿真结果

5．思考题

为了提高加法器的速度，如何改进以上设计的进位方式？

习 题 2

2-1 简述可编程逻辑器件的特点。

2-2 常见的编程逻辑器件有哪几种编程工艺？

2-3 简述 MAX7000S 系列器件的结构特点。

2-4 FPGA 系列器件中的 EAB 有什么作用？

2-5 比较 FLEX 10K 系列器件与 MAX 7000 系列器件的异同点。

2-6 主要的可编程逻辑器件供应商有哪几家公司？

2-7 如何构建一个多层次设计工程？

2-8 基于 Quartus□设计平台，用 3 片 74139 组成一个 5 线-24 线译码器（止于时序仿真）。

2-9 基于 Quartus□设计平台，设计一个 7 人表决电路，参加表决者 7 人，同意为 1，不同意为 0，同意者过半则表决通过，绿指示灯亮；表决不通过则红指示灯亮（止于时序仿真）。

2-10 基于 Quartus□设计平台，用 D 触发器设计 3 位二进制加法计数器（止于时序仿真）。

学习项目 3 数据选择器设计应用

教学导航 3

理论知识	VHDL 语言特点，程序基本框架，基本语法		
技能	熟悉 Quartus Ⅱ文本法电路设计的基本方法，学生能够编写程序，创建工程，掌握目标芯片的配置方法；熟悉程序编译、仿真的方法；熟悉硬件测试方法；最终完成数据选择器应用项目		
活动设计	（1）VHDL 语言的特点 （2）VHDL 语言基本结构（库、程序包、实体、结构体、数据类型、赋值符号和数据比较符号等） （3）数据选择器应用分析　（4）Quartus Ⅱ VHDL 文本输入设计导向 （5）方案小结		
工作过程	**教学内容**	**教学方法**	**建议学时**
（1）相关背景知识	（1）硬件描述语言 （2）VHDL 语言特点 （3）VHDL 语言基本结构	讲授法 案例教学法	2
（2）数据选择器应用分析、设计方案	（1）逻辑功能分析 （2）产品应用分析	小组讨论法 问题引导法	1
（3）数据选择器实现	（1）编辑文本文件　（2）创建工程 （3）目标芯片配置　（4）编译 （5）仿真　（6）应用 RTL 电路图观察器 （7）硬件测试	练习法 现场分析法	5
（4）应用水平测试	（1）总结项目实施过程中的问题和解决方法 （2）完成项目测试题，进行项目实施评价	问题引导法	2

3.1 VHDL 语言的特点与结构

硬件描述语言 HDL 是 EDA 技术的重要组成部分，常见的 HDL 主要有 VHDL、Verilog HDL、ABEL、AHDL、SystemVerilog 和 SystemC 等。

其中，VHDL、VerilogHDL 在现在 EDA 设计中使用最多，也拥有几乎所有的主流 EDA 工具的支持。而 SystemVerilog 和 SystemC 这两种 HDL 语言还处于完善过程中。VHDL 是电子设计主流硬件的描述语言之一，本书将重点介绍它的编程方法和使用技术。

VHDL 的英文全名是 VHSIC（Very High Speed Integrated Circuit）Hardware Description Language，于 1983 年由美国国防部（DOD）发起创建，由 IEEE（The Institute of Electrical and Electronics Engineers）进一步发展，并在 1987 年作为“IEEE 标准 1076”发布。从此，VHDL 成为硬件描述语言的业界标准之一。自 IEEE 公布了 VHDL 的标准版本（IEEE Std 1076），各 EDA 公司相继推出了自己的 VHDL 设计环境，或宣布自己的设计工具支持 VHDL。此后 VHDL 在电子设计领域得到了广泛应用，并逐步取代了原有的非标准硬件描述语言。

VHDL 是一个规范语言和建模语言，随着 VHDL 的标准化，出现了一些支持该语言的行为仿真器。由于创建 VHDL 的最初目标是用于标准文档的建立和电路功能模拟，其基本想法是在高层次上描述系统和元件的行为。但到了 20 世纪 90 年代初，人们发现 VHDL 不仅可以作为系统模拟的建模工具，而且可以作为电路系统的设计工具；可以利用软件工具将 VHDL 源代码自动转化为文本方式表达的基本逻辑元件连接图，即网表文件。这种方法显然对于电路自动设计是一个极大的推进。很快，电子设计领域就出现了第一个软件设计工具，即 VHDL 逻辑综合器，它可以将 VHDL 的部分语句描述转化为具体电路实现的网表文件。

1993 年，IEEE 对 VHDL 进行了修订，从更高的抽象层次和系统描述能力上扩展了 VHDL 的内容，公布了新版本的 VHDL，即 IEEE 标准的 1076－1993 版本。现在，VHDL 和 Verilog 作为 IEEE 的工业标准硬件描述语言，得到众多 EDA 公司的支持，在电子工程领域已成为事实上的通用硬件描述语言。现在公布的最新 VHDL 标准版本是 IEEE 1076－2002。VHDL 语言具有很强的电路描述和建模能力，能从多个层次对数字系统进行建模和描述，从而大大简化了硬件设计任务，提高了设计效率和可靠性。

VHDL 具有与具体硬件电路无关和与设计平台无关的特性，并且具有良好的电路行为描述和系统描述的能力，在语言易读性和层次化结构化设计方面也表现出了强大的生命力和应用潜力。因此，VHDL 在支持各种模式的设计方法、自顶向下与自底向上或混合方法方面，在面对当今许多电子产品生命周期缩短，需要多次重新设计以融入最新技术、改变工艺等方面都表现出了良好的适应性。用 VHDL 进行电子系统设计的一个很大的优点是设计者可以专心致力于其功能的实现，而不需要对不影响功能的与工艺有关的因素花费过多的时间和精力。

3.1.1 VHDL 语言的特点

VHDL 是一种用普通文本形式设计数字系统的硬件描述语言，主要用于描述数字系统

的结构、行为、功能和接口，可以在任何文字处理软件环境中编辑。除了含有许多具有硬件特征的语句外，其形式、描述风格及语法类似于计算机高级语言。VHDL 程序将一项工程设计项目分成描述外部端口信号的可视部分和描述端口信号之间逻辑关系的内部不可视部分，这种将设计项目分成内、外两个部分的概念是硬件描述语言（HDL）的基本特征。当一个设计项目定义了外部界面（端口），在其内部设计完成后，其他的设计就可以利用外部端口直接调用这个项目。VHDL 的主要特点如下：

（1）作为 HDL 的第一个国际标准，VHDL 具有很强的可移植性。

（2）具有丰富的模拟仿真语句和库函数，随时可对设计进行仿真模拟，因而能将设计中的错误消除在电路系统装配之前，在设计早期就能检查设计系统功能的可行性，有很强的预测能力。

（3）VHDL 有良好的可读性，接近高级语言，容易理解。

（4）系统设计与硬件结构无关，方便了工艺的转换，也不会因为工艺变化而使描述过时。

（5）支持模块化设计，可将大规模设计项目分解成若干个小项目，还可以将已有的设计项目作为一个模块调用。

（6）对于用 VHDL 完成的一个确定设计，可以利用 EDA 工具进行逻辑综合和优化，并能自动把 VHDL 描述转变成门电路级网表文件。

（7）设计灵活，修改方便，同时也便于设计结果的交流、保存和重用，产品开发速度快， 成本低。

3.1.2 VHDL 程序的基本结构

一个 VHDL 程序必须包括实体（ENTITY）和结构体（ARCHITECTURE）。一个设计实体可看成一个盒子，通过它只能了解其外部输入及输出端口，无法知道盒子里的东西，而结构体则用来描述盒子内部的详细内容。至于完整的 VHDL 程序是什么样，实际上并没有统一的标准，因为不同的程序设计目的可以有不同的程序结构。除实体和结构体外，多数程序还要包含库和程序包部分。

实体中定义了一个设计模块的外部输入和输出端口，即模块（或元件）的外部特征，描述了一个元件或一个模块与其他部分（模块）之间的连接关系，可以看成输入/输出信号和芯片引脚信息。一个设计可以有多个实体，只有处于最高层的实体称为顶层实体，EDA 工具的编译和仿真都是对顶层实体进行的。处于低层的各个实体都可作为单个元件，被高层实体调用。结构体主要用于说明元件内部的具体结构，即对元件内部的逻辑功能进行说明，是程序设计的核心部分。

库是程序包的集合，不同的库有不同类型的程序包。程序包用于定义结构体和实体中要用到的数据类型、元件和子程序等。

实例 3-1 用 VHDL 设计一个非门（反相器）。

非门即 $y=\bar{a}$，设反相器的 VHDL 的文件名是“not1.vhd”，其中的“.vhd”是 VHDL 程序文件的扩展名。程序结构如下：

```
LIBRARY IEEE;
```

```
USE IEEE.STD_LOGIC_1164.ALL;

ENTITY not1 IS
 PORT( a: IN  BIT;
    y: OUT BIT);
END  not1;

ARCHITECTURE behave OF not1 IS
BEGIN
 y <= NOT a;
END ARCHITECTURE behave;
```

这是一个完整的 VHDL 源程序实例。其中的第一部分是库和程序包，是用 VHDL 编写的共享文件，定义结构体和实体中要用到的数据类型、元件、子程序等，放在名为 IEEE 的库中。

第二部分是实体，相当于定义电路单元的引脚信息。实体名是自己任意取的，但注意要与项目名和文件名相同，并符合标识符规则。实体以“ENTITY”开头，以“END”结束。

第三部分是结构体，用于描述电路的内部结构和逻辑功能。结构体名也是任意取的，结构体以“ARCHITECTURE”开头，以“END”结束。“BEGIN”是开始描述实体端口逻辑关系的标志，有行为描述、数据流（也称寄存器）描述和结构描述 3 种描述方式。符号“<=”是信号赋值运算符，从电路角度看就是表示信号传输；“NOT”是关键词，表示取反，即把后面的信号 a 取反，结构体实现了将 a 取反后传送到输出端 y 的功能。所有语句都是以分号结束，另外程序中不区分字母的大、小写。举例中用大、小写是为区别关键词和用户自定义的词。

3.2 数据选择器逻辑功能分析

数据选择器又称为多路选择器或多路开关，它能够根据给定的地址将某个数据从一组数据中选择出来。对于一片 2^n 选 1 数据选择器来说，应具有 2^n 个数据输入端、1 个数据输出端、n 个地址输入端和 2^n 个地址。常用的数据选择器有双 4 选 1 数据选择器 74LS153、8 选 1 数据选择器 74LS151 和 16 选 1 数据选择器 74LS150 等。

3.2.1 数据选择器的逻辑功能

1．双 4 选 1 数据选择器 74LS153

双 4 选 1 数据选择器 74LS153 的引脚排列图和符号如图 3-1 所示。

一片 74LS153 中包含两个 4 选 1 数据选择器，且这两个数据选择器共用同一组地址输入端 A_1、A_0，根据输入地址的不同，可以将输入数据选择一个送到输出端，从而实现数据

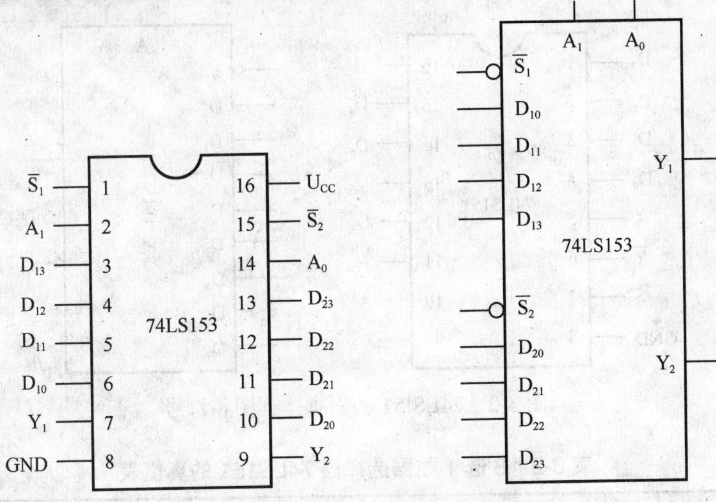

图 3-1 74LS153 的引脚排列图和符号

选择。第一个数据选择器有 1 个控制端$\overline{S}_1$，2 个地址输入端 A_1、A_0，4 个数据输入端 D_{10}、D_{11}、D_{12}、D_{13}，以及 1 个数据输出端 Y_1；同样，第二个数据选择器也有 1 个控制端$\overline{S}_2$，2 个地址输入端 A_1、A_0，4 个数据输入端 D_{20}、D_{21}、D_{22}、D_{23}，以及 1 个数据输出端 Y_2。74LS153 的真值表见表 3-1。

表 3-1 双 4 选 1 数据选择器 74LS153 的真值表

$\overline{S}_1$	A_1	A_0	Y_1
1	×	×	0
0	0	0	D_{10}
0	0	1	D_{11}
0	1	0	D_{12}
0	1	1	D_{13}

由表 3-1 可以看出双 4 选 1 数据选择器 74LS153 的逻辑功能为：当$\overline{S}_1$=0，即控制端有效时，实现数据选择功能，输出逻辑函数式为

$$Y_1=\overline{A}_1\overline{A}_0D_{10}+\overline{A}_1A_0D_{11}+A_1\overline{A}_0D_{12}+A_1A_0D_{13} \tag{3.1}$$

当$\overline{S}_1$=1，即控制端无效时，输出端被封锁为低电平，电路不能正常工作。

2．8 选 1 数据选择器 74LS151

8 选 1 数据选择器 74LS151 的引脚排列图和符号如图 3-2 所示。

由图 3-2 可以看出，一片 74LS151 具有 1 个控制端$\overline{S}$，3 个地址输入端 A_2、A_1、A_0，8 个数据输入端 D_0、D_1、…、D_7，以及 2 个数据输出端 Y、$\overline{Y}$。74LS151 的真值表见表 3-2。

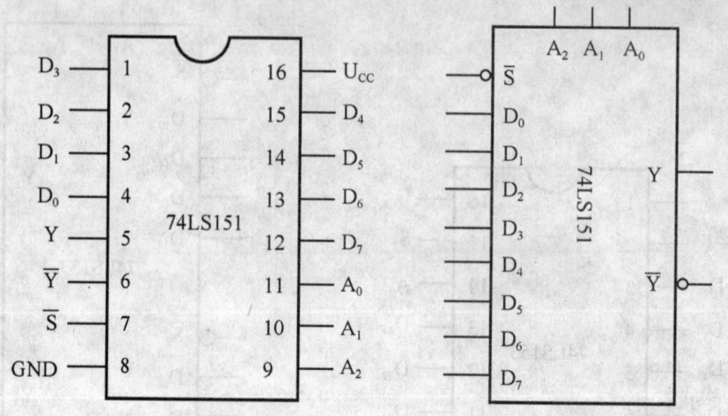

图 3-2 74LS151 的引脚排列图和符号

表 3-2 8 选 1 数据选择器 74LS151 的真值表

$\overline{S}$	A_2	A_1	A_0	Y	$\overline{Y}$
1	×	×	×	0	1
0	0	0	0	D_0	$\overline{D_0}$
0	0	0	1	D_1	$\overline{D_1}$
0	0	1	0	D_2	$\overline{D_2}$
0	0	1	1	D_3	$\overline{D_3}$
0	1	0	0	D_4	$\overline{D_4}$
0	1	0	1	D_5	$\overline{D_5}$
0	1	1	0	D_6	$\overline{D_6}$
0	1	1	1	D_7	$\overline{D_7}$

由表 3-2 可以看出 8 选 1 数据选择器 74LS151 的逻辑功能为：当$\overline{S}$=0，即控制端有效时，实现数据选择功能，输出逻辑函数式为

$$
\begin{aligned}
Y = &\overline{A_2}\,\overline{A_1}\,\overline{A_0}D_0 + \overline{A_2}\,\overline{A_1}A_0D_1 + \overline{A_2}A_1\overline{A_0}D_2 + \overline{A_2}A_1A_0D_3 \\
&+ A_2\overline{A_1}\,\overline{A_0}D_4 + A_2\overline{A_1}A_0D_5 + A_2A_1\overline{A_0}D_6 + A_2A_1A_0D_7
\end{aligned} \tag{3.2}
$$

当$\overline{S}$=1，即控制端无效时，输出端 Y 被封锁为低电平，电路不能正常工作。

3.2.2 数据选择器的扩展及其应用

1. 数据选择器的扩展

用一片双 4 选 1 数据选择器 74LS153 可以构成 8 选 1 数据选择器，连接方法如图 3-3 所示。

A_2、A_1、A_0 为扩展后 8 选 1 数据选择器的地址输入端，D_0～D_7 为数据输入端，Y 为输出端。当 A_2=0 时，第 1 个 4 选 1 数据选择器工作，根据 A_1、A_0 的不同取值，将 D_0～D_3 中的某个数据送到 Y_1；此时，第 2 个 4 选 1 数据选择器被封锁为低电平，经过或门 G_2，Y_1 被送到输出端 Y，这样就可以将 D_0～D_3 中的某个数据送到输出端。当 A_2=1 时，第 2 个 4 选 1 数据选择器工作，根据 A_1、A_0 的不同取值，将 D_4～D_7 中的某个数据送到 Y_2；此时，第 1 个 4 选 1 数据选择器被封锁为低电平，经过或门 G_2，Y_2 被送到输出端 Y，这样就可以将 D_4～D_7 中的某个数据送到输出端，从而实现 8 选 1 数据选择器。

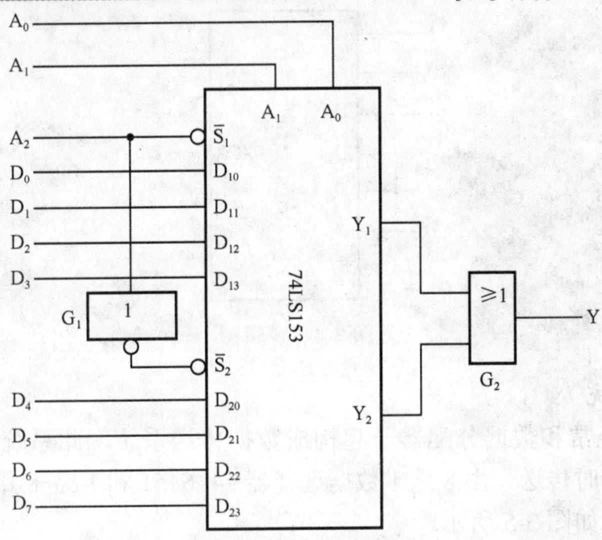

图 3-3 用一片双 4 选 1 数据选择器 74LS153 构成 8 选 1 数据选择器的逻辑图

2．数据选择器的应用

数据选择器在数字系统中应用非常广泛，常用做函数发生器，和数据分配器一起构成数据传送系统等。下面介绍数据选择器的几种应用。

1）函数发生器

用数据选择器可以实现逻辑函数。具体设计步骤如下。

（1）变换。在变换时，可以令 2^n 选 1 数据选择器的 n 个地址输入端分别表示待求函数式的 n 个变量，把 2^n 个数据输入端看做第 $n+1$ 个变量的不同形式，所以 2^n 选 1 数据选择器可实现小于等于 $n+1$ 个变量的逻辑函数。

（2）画逻辑图。

实例 3-2 试用 4 选 1 数据选择器实现逻辑函数 Z=AB+BC+CA。

解 （1）变换：4 选 1 数据选择器的输出函数式为

$$Y_1 = \overline{A_1}\,\overline{A_0}D_0 + \overline{A_1}A_0D_1 + A_1\overline{A_0}D_2 + A_1A_0D_3$$

令 A_1=A，A_0=B，并代入待求函数式 Z=AB+BC+CA 得：

$$\begin{aligned} Z &= AB+BC+CA = A_1A_0 + A_0C + CA_1 \\ &= A_1A_0 + A_1A_0C + \overline{A_1}A_0C + A_1A_0C + A_1\overline{A_0}C \\ &= \overline{A_1}\,\overline{A_0}\cdot 0 + \overline{A_1}A_0C + A_1\overline{A_0}C + A_1A_0(1+C) \\ &= \overline{A_1}\,\overline{A_0}\cdot 0 + \overline{A_1}A_0C + A_1\overline{A_0}C + A_1A_0\cdot 1 \end{aligned}$$

令 Z=Y_1，可得：

$$D_0 = 0$$
$$D_1 = C$$
$$D_2 = C$$
$$D_3 = 1$$

（2）画逻辑图如图 3-4 所示。

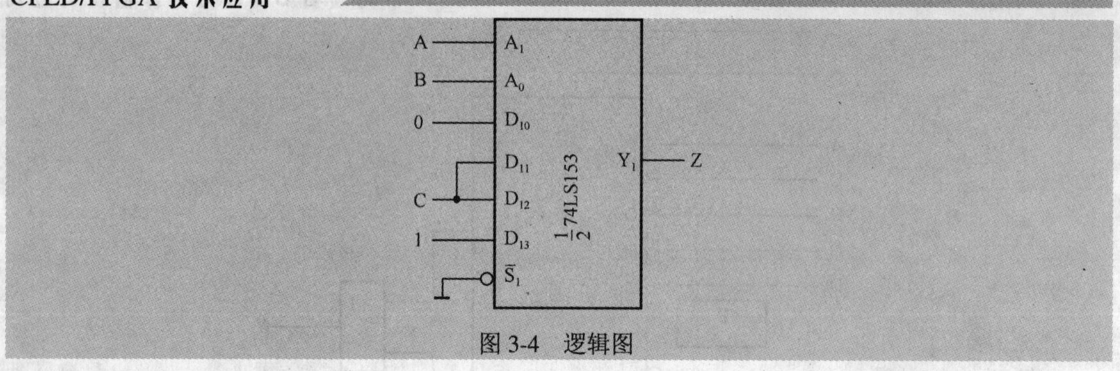

图 3-4　逻辑图

2）数据传送系统

数据选择器还经常和数据分配器一起构成数据传送系统，此系统可以用很少几根线实现多路数字信息的分时传送。由 8 选 1 数据选择器 74LS151 和 1 路-8 路数据分配器 74LS138 构成的数据传送系统如图 3-5 所示。

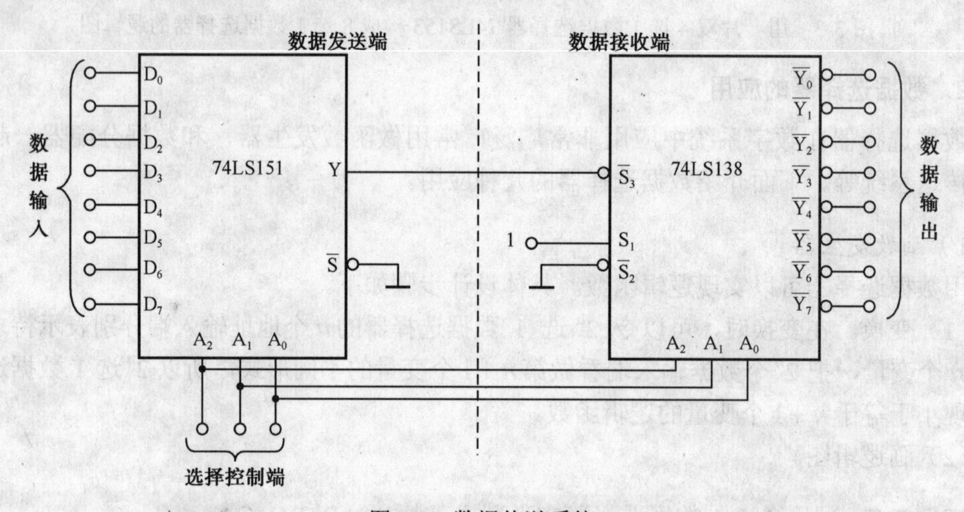

图 3-5　数据传送系统

图 3-5 所示数据传送系统的工作原理为：74LS151 将由数据输入端输入的 8 位并行数据变成串行数据发送到单传输线上，接收端接收到数据后，再通过数据分配器 74LS138 将串行数据分送到 8 个数据输出端，实现 8 路信息的分时传送。

3.3　数据选择器 VHDL 设计

知道了数据选择器的功能及应用后，下面用最简单的 2 选 1 数据选择器来举例说明，用 VHDL 语言如何进行数据选择器的描述。

3.3.1　2 选 1 数据选择器的 VHDL 描述

图 3-6 所示为 2 选 1 数据选择器的电路模型。实例 3-3 是其 VHDL 的完整描述，即可以使用 VHDL 综合器直接综合出实现即定功能的逻辑电路。对应的逻辑电路如图 3-7 所示，因而可以认为是此数据选择器的内部电路结构。

注意，电路的功能可以是唯一的，但其电路的结构方式不是唯一的，它取决于 VHDL 综合器的基本元件库的来源、优化方向和约束的选择，以及目标器件（如选择的是 CPLD 还是 FPGA）的结构特点等。图 3-6 中，a 和 b 分别为两个数据输入端的端口名，s 为通道选择控制信号输入端的端口名，y 为输出端的端口名。“mux21a”是设计者为此器件取的名称（好的名称应该体现器件的基本功能特点）。

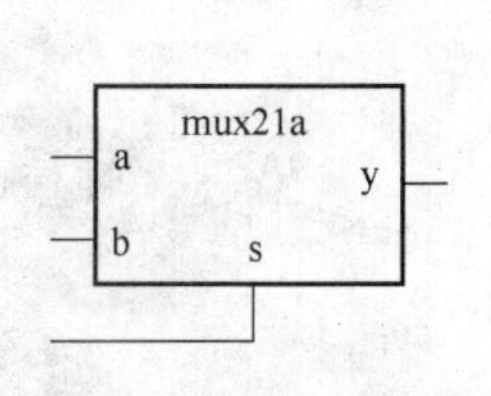

图 3-6　mux21a 实体

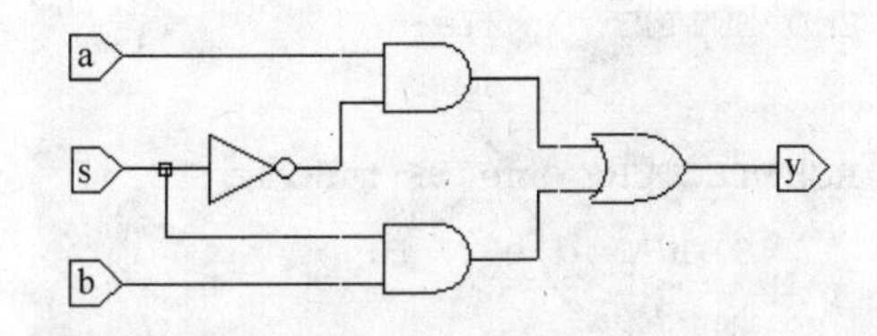

图 3-7　mux21a 结构体

实例 3-3　如图 3-6 所示 2 选 1 数据选择器的 VHDL 描述（1）。

```
ENTITY mux21a IS
   PORT ( a, b : IN  BIT;
              s : IN  BIT;
              y : OUT BIT );
END ENTITY mux21a;

ARCHITECTURE one OF mux21a IS
   BEGIN
    y <= a  WHEN  s = '0'  ELSE  b  ;
END ARCHITECTURE one ;
```

由实例 3-3 可见，此电路的 VHDL 描述由两大部分组成：

（1）以关键词“ENTITY”引导，以“END　ENTITY　mux21a;”结尾的语句部分，是实体。VHDL 的实体描述了电路器件的外部情况及各信号端口的基本性质，如信号流动的方向，流动在其上的信号结构方式和数据类型等。图 3-6 所示可以认为是实体的图形表达。

（2）以关键词“ARCHITECTURE”引导，以“END ARCHITECTURE one;”结尾的语句部分，是结构体。结构体负责描述电路器件的内部逻辑功能和电路结构。图 3-7 所示是此结构体的某种可能的电路原理图表达。

在 VHDL 结构体中用于描述逻辑功能和电路结构的语句分为顺序语句和并行语句两部分。顺序语句的执行方式类似于普通软件语言的程序执行方式，是按照语句的前后排列方式逐条顺序执行的。而在结构体中的并行语句，无论有多少行语句，都是同时执行的，与语句的前后次序无关。

实例 3-3 中的逻辑描述是用 WHEN_ELSE 结构的并行语句表达的。它的含义是：当满足条件 s='0'，即 s 为低电平时，a 输入端的信号传送至 y，否则（即 s 为高电平时）b 输入端的信号传送至 y。

同样的逻辑功能有不同的描述方法，实例 3-4 和实例 3-5 也是数据选择器的描述。

实例 3-4 如图 3-6 所示 2 选 1 数据选择器的 VHDL 描述（2）。

```
 ENTITY mux21a IS
  PORT ( a, b : IN  BIT;
             s : IN  BIT;
             y : OUT BIT  );
 END ENTITY mux21a;

ARCHITECTURE one OF mux21a IS
     SIGNAL d,e :  BIT;
  BEGIN
     d <= a AND (NOT S) ;
     e <= b AND s  ;
     y <= d OR e   ;
  END ARCHITECTURE one ;
```

实例 3-4 中的功能描述语句都用了并行语句，是用布尔方程的表达式来描述的。其中的“AND”、“OR”、“NOT”分别是“与”、“或”、“非”的逻辑操作符号。

实例 3-5 如图 3-6 所示 2 选 1 数据选择器的 VHDL 描述（3）。

```
 ENTITY mux21a IS
  PORT ( a, b, s: IN  BIT;
              y : OUT BIT  );
END ENTITY mux21a;

ARCHITECTURE one OF mux21a IS
 BEGIN
   PROCESS (a,b,s)
    BEGIN
     IF s = '0'  THEN
        y <= a ;
     ELSE
        y <= b ;
     END IF;
   END PROCESS;
END ARCHITECTURE one ;
```

实例 3-5 给出了用顺序语句 IF_THEN_ELSE 表达的功能描述。

这 3 个实例用不同的表达方式描述了相同的逻辑功能，但其电路功能是相同的。从图 3-8 所示的时序波形可以看出：分别向 a 和 b 端输入两个不同频率的信号 f_a 和 f_b（设 f_a 频率大于 f_b 频率），当 s 为高电平时，y 输出 f_b；而当 s 为低电平时，y 输出 f_a。显然，图 3-8 所示证实了 VHDL 设计的数据选择器功能的正确性。

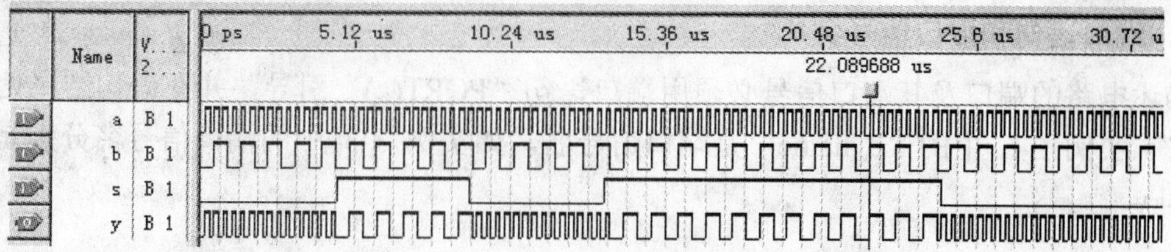

图 3-8 mux21a 功能时序波形

注意：以上各例的实体和结构体分别是以“END ENTITY ×××”和“END ARCHITECTURE ××”语句结尾的，这是符合 VHDL 的 IEEE STD 1076—1993 版的语法要求的。若根据 VHDL '87 版本，即 IEEE STD 1076—1987 的语法要求，这两条结尾语句只需写成“END;”或“END ××;”。考虑到目前绝大多数常用的 EDA 工具中的 VHDL 综合器都兼容两种 VHDL 版本的语法规则，且许多最新的 VHDL 方面的设计资料，仍然使用 VHDL'87 版本语言规则，因此，出于实用的目的，对于以后出现的示例，不再特意指出 VHDL 两种版本的语法差异处。但对于不同的 EDA 工具，仍需根据设计程序不同的 VHDL 版本表述，在综合前进行相应的设置。

3.3.2 2 选 1 数据选择器的语言现象说明

下面将对实例 3-3 至实例 3-5 中出现的相关语句结构和语法含义进行说明。

1. 实体表达

VHDL 完整的、可综合的程序结构必须能完整地表达一片专用集成电路 ASIC 器件的端口结构和电路功能，即无论是一片 74LS138 还是一片 CPU，都必须包含实体和结构体两个最基本的语言结构。在此将含有完整程序结构（包含实体和结构体）的 VHDL 表述称为设计实体。如前所述，实体描述的是电路器件的端口构成和信号属性，它的一般性表达式如实例 3-6 所述。

实例 3-6 实体一般描述。

```
ENTITY  e_name  IS
PORT ( p_name1 :  port_m1   data_type;
         ...
     p_namei : port_mi   data_type );
END ENTITY e_name;
```

实例 3-6 中，“ENTITY”、“IS”、“PORT”和“END ENTITY”都是描述实体的关键词，在实体描述中必须包含这些关键词。在编译中，关键词不分大小写。

2. 实体名

实例 3-6 中的“e_name”是实体名，是标识符，具体取名由设计者自定。由于实体名实际上表达的应该是设计电路的器件名，所以最好根据相应电路的功能来确定，如 4 位二进制计数器，实体名可取为“counter4b”；8 位二进制加法器，实体名可取为“adder8b”，等等。但应注意，不应用数字或中文定义实体名，也不应用 EDA 工具库中已定义好的元件名作为实体名，如“or2”、“latch”等，并且不能用数字起头的实体名，如“74LS160”。

3．端口语句和端口信号名

描述电路的端口及其端口信号必须用端口语句“PORT( )”引导，并在语句结尾处加分号“;”。实例 3-6 中的“p_name”是端口信号名，如实例 3-3 中的端口信号名分别是 a、b、s 和 y。

4．端口模式

在实例 3-3 的实体描述中，用 IN 和 OUT 分别定义端口 a、b 和 s 为信号输入端口，y 为信号输出端口。一般，可综合的（将 VHDL 程序编译成可实现的电路的 VHDL 描述称为可综合的程序）端口模式有四种，分别是“IN”、“OUT”、“INOUT”和“BUFFER”，用于定义端口上数据的流动方向和方式。

（1）IN：输入端口，定义的通道为单向只读模式。规定数据只能由此端口被读入实体。

（2）OUT：输出端口，定义的通道为单向输出模式。规定数据只能通过此端口从实体向外流出，或者说可以将实体中的数据向此端口赋值。

（3）INOUT：定义的通道确定为输入/输出双向端口。即从端口的内部看，可以对此端口进行赋值，或通过此端口读入外部的数据信息；而从端口的外部看，信号既可由此端口流出，也可向此端口输入信号，如 RAM 的数据口、单片机的 I/O 口等。

（4）BUFFER：缓冲端口，其功能与 INOUT 类似，区别在于当需要输入数据时，只允许内部回读输出的信号，即允许反馈。例如计数器设计，可将计数器输出的计数信号回读，以作为下一计数值的初值。与 INOUT 模式相比，BUFFER 回读的信号不是由外部输入的，而是由内部产生、向外输出的信号。

5．数据类型

实例 3-6 中的“data_type”是数据类型名。在实例 3-3 中，端口信号 a、b、s 和 y 的数据类型都定义为 BIT。由于 VHDL 中任何一种数据对象的应用都必须严格限定其取值范围和数值类型，即对其传输或存储的数据的类型要做明确的界定，所以，在 VHDL 设计中，必须预先定义好要使用的数据类型，这对于大规模电路描述的排错是十分有益的。相关的数据类型有 INTEGER 类型、BOOLEAN 类型、STD_LOGIC 类型和 BIT 类型等。

BIT 数据类型的信号规定的取值范围是逻辑位'1'和'0'。在 VHDL 中，逻辑位 0 和 1 的表达必须加单引号，否则 VHDL 综合器将 0 和 1 解释为整数数据类型 INTEGER。BIT 数据类型可以参与逻辑运算或算术运算，其结果仍是位的数据类型。VHDL 综合器用一个二进制位表示 BIT。

将实例 3-3 中的端口信号 a、b、s 和 y 的数据类型都定义为 BIT，表示 a、b、s 和 y 的取值范围，或者说数据范围都被限定在逻辑位'1'和'0'的二值范围内。

6．结构体表达

结构体的一般表达通过实例 3-7 进行介绍。

实例 3-7　结构体一般描述。

```
ARCHITECTURE arch_name OF e_name IS
```

```
    [说明语句]
BEGIN
    (功能描述语句)
END ARCHITECTURE arch_name;
```

实例 3-7 中，“ARCHITECTURE”、“OF”、“IS”、“BEGIN”和“END ARCHITECTURE”都是描述结构体的关键词，在描述中必须包含它们。“arch_name”是结构体名，也是标识符。

[说明语句]包括在结构体中，用于说明和定义数据对象、数据类型、元件调用声明等。[说明语句]并不是必需的，（功能描述语句）则不同，结构体中必须给出相应的电路功能描述语句，可以是并行语句、顺序语句或它们的混合。

一般，一个可综合的、完整的 VHDL 程序有比较固定的结构。设计实体中，一般首先出现的是各类库及其程序包的使用声明，包括未以显式表达的工作库 WORK 库的使用声明，然后是实体描述，最后是结构体描述，而在结构体中可以含有不同的逻辑表达语句结构。如前所述，在此把一个完整的、可综合的 VHDL 程序设计构建为设计实体（独立的电路功能结构），而其程序代码常被称为 VHDL 的 RTL 描述。这就是说“RTL 描述”已成为基于 HDL 的程序电路描述，是可综合的代名词，而绝非什么特殊的电路描述方式。

7．赋值符号和数据比较符号

实例 3-3 中的表达式 y<= a 表示输入端口 a 的数据向输出端口 y 传输；但也可以解释为信号 a 向信号 y 赋值。在 VHDL 仿真中，赋值操作 y<= a 并非立即发生，而是要经历一个模拟器的最小分辨时间δ后，才将 a 的值赋予 y 。在此不妨将δ看成实际电路存在的固有延时量。VHDL 要求赋值符“<=”两边的信号的数据类型必须一致。

实例 3-3 中，条件判断语句 WHEN_ELSE 通过测定表式 s='0'的比较结果，以确定由哪一个端口向 y 赋值。条件语句 WHEN_ELSE 的判定依据是表式 s='0'输出的结果。表式中的等号“=”没有赋值的含义，只是一种数据比较符号。其表式输出结果的数据类型是布尔数据类型 BOOLEAN。BOOLEAN 类型的取值分别是“true（真）”和“false（伪）”。当 s 为高电平时，表式 s='0'输出“false”；当 s 为低电平时，表式 s='0'输出“true”。

在 VHDL 综合器或仿真器中分别用'1'和'0'表达“true”和“false”。布尔数据不是数值，只能用于逻辑操作或条件判断。用于条件语句的判断表达式可以是一个值，也可以是更复杂的逻辑或运算表达式，如：

```
IF a THEN ...    -- 注意，a 的数据类型必须是 BOOLEAN
IF (s1='0')AND(s2='1')OR(c<b+1) THEN ..
```

8．逻辑操作符

实例 3-4 中出现的文字“AND”、“OR”和“NOT”是逻辑操作符号。VHDL 共有 7 种基本逻辑操作符，即 AND（与）、OR（或）、NAND（与非）、NOR（或非）、XOR（异或）、XNOR（同或）和 NOT（取反）。信号在这些操作符的作用下可构成组合逻辑。逻辑操作符所要求的操作数（操作对象）的数据类型有 3 种，即 BIT、BOOLEAN 和 STD_LOGIC。

注意：与其他 HDL 用某种符号表达逻辑操作符不同，VHDL 中直接用对应的英语文字表达逻辑操作符号，这更明确显示了 VHDL 作为硬件行为描述语言的优秀特征。

9．条件语句

实例 3-5 利用“IF_THEN_ELSE”表达的 VHDL 顺序语句的方式，同样描述了一个数据选择器的电路行为。其结构体中的 IF 语句的执行顺序类似于软件语言，首先判断如果 s 为低电平，则执行 y<=a 语句，否则（当 s 为高电平）执行语句 y<=b。由此可见，VHDL 的顺序语句同样能描述并行运行的组合电路。

注意：IF 语句必须以语句“END IF;”结束。

IF 语句一般有如下 3 种格式。

（1）跳转控制。格式如下:

```
IF 条件 THEN
顺序语句;
END IF;
```

当程序执行到 IF 语句时，先判断 IF 语句指定的条件是否成立。如果成立，IF 语句所包含的顺序处理语句将被执行；如果条件不成立，程序跳过 IF 语句包含的顺序语句，而执行 END IF 语句后面的语句，这里的条件的作用是决定是否跳转。

（2）二选一控制。格式如下:

```
IF 条件 THEN
顺序语句;
ELSE
顺序语句;
END IF;
```

根据 IF 所指定的条件是否成立，程序可以选择两种不同的执行路径，当条件成立时，程序执行 THEN 和 ELSE 之间的顺序语句部分，再执行 END IF 之后的语句；当 IF 语句的条件不成立时，程序执行 ELSE 和 END IF 之间的顺序语句，再执行 END IF 之后的语句。

（3）多选择控制语句。格式如下:

```
IF 条件 1 THEN
    顺序语句 1;
ELSIF 条件 2 THEN
    顺序语句 2;
      ……
ELSIF 条件 n THEN
    顺序语句 n;
ELSE;
    顺序语句 n+1;
END IF;
```

多选择控制的 IF 语句，可允许在一个语句中出现多重条件，实际上是条件的嵌套。当满足所给定的多个条件之一时，就执行该条件后的顺序语句；当所有的条件都不满足时，则执行 ELSE 和 ENDIF 之间的语句。

注意：每个 IF 语句都必须有一个对应的 END IF 语句。

实例3-8　4选1电路（设输入信号为a_0～a_3，sel为选择信号，y 为输出信号）。

```
ENTITY selection4 IS
PORT (a : IN BIT_VECTOR(3 DOWNTO 0);
    sel : IN BIT_VECTOR(1 DOWNTO 0);
      y : OUT BIT);
END selection4;
ARCHITECTURE one OF selection4 IS
BEGIN
PROCESS(a,sel) --进程中任何一个信号变化将导致进程执行一次
BEGIN
IF  sel="00"  THEN
  y<=a(0);
ELSIF sel="01" THEN
  y<=a(1);
ELSIF sel="10" THEN
  y<=a(2);
ELSE
  y<=a(3);
END IF;
END  PROCESS;
END one;
```

IF 语句不仅可用于选择器设计， 还可用于比较器、译码器等条件控制的电路设计中。IF 语句中至少要有一个条件句，其条件表达式必须使用关系运算符（=、/= 、< 、>、<=、>=）及逻辑运算表达式，表达式输出的结果是布尔量，即“true”或“false”。

10. WHEN_ELSE 条件信号赋值语句

实例3-3中出现的是条件信号赋值语句，这是一种并行赋值语句，其表达方式如下：

```
赋值目标 <=   表达式1 WHEN 赋值条件1 ELSE
              表达式2 WHEN 赋值条件2 ELSE
                 ...
              表达式n ;
```

在结构体中的条件信号赋值语句的功能与在进程中的 IF 语句相同，在执行条件信号语句时，每一“赋值条件”都是按书写的先后关系逐项测定的，一旦发现赋值条件=true，立即将“表达式”的值赋给“赋值目标”信号。

注意：由于条件测试的顺序性，条件信号赋值语句中的第一子句具有最高赋值优先级；第二句其次，以此类推。例如在以下程序中，如果 p1 和 p2 同时为'1'，z 获得的赋值是 a 而不可能是 b 。

还应该注意，相对于在同一结构体中的其他语句，此类赋值语句作为一个完整的语句，属于并行语句。

```
z  <= a WHEN p1 = '1' ELSE
      b WHEN p2 = '1' ELSE
      c ;
```

11．进程语句和顺序语句

由实例 3-5 可见，顺序语句“IF_THEN_ELSE_END IF;”是放在由“PROCESS... END PROCESS”引导的语句中的。由 PROCESS 引导的语句称为进程语句。

在 VHDL 中，所有合法的顺序描述语句都必须放在进程语句中。

PROCESS 旁的（a，b，s）称为进程的敏感信号表，通常要求将进程中所有的输入信号都放在敏感信号表中。例如，实例 3-5 中的输入信号是 a、b 和 s，所以将它们全部列入敏感信号表中。因为 PROCESS 语句的执行依赖于敏感信号的变化（或称发生事件）。

当某一敏感信号（如 a）从原来的'1'跳变到'0'，或者从原来的'0'跳变到'1'时，就将启动此进程语句，于是此 PROCESS 至 END PROCESS 引导的语句（包括其中的顺序语句）被执行一遍，然后返回进程的起始端，进入等待状态，直到下一次敏感信号表中某一信号或某些信号发生事件才再次进入“启动-运行”状态。

在一个结构体中可以包含任意个进程语句结构，所有的进程语句都是并行语句，而由任一进程 PROCESS 引导的语句（包含在其中的语句）结构属于顺序语句。

12．文件取名和存盘

如果用 Quartus II 提供的 VHDL 文本编辑器编辑 VHDL 代码文件，在保存文件时，必须赋给一个正确的文件名。一般，文件名可以由设计者任意给定，但文件后缀扩展名必须是“.vhd”，如 adder_f.vhd。但考虑到某些 EDA 软件的限制和 VHDL 程序的特点，以及调用的方便性，建议程序的文件名尽可能与该程序的实体名一致，如实例 3-3 的文件名应该是“mux21a.vhd”。原则上文件名不分大小写，但推荐使用小写，特别是后缀。

3.4 数据选择器文本输入设计

VHDL 是一种快速的电路设计工具，其功能涵盖了电路描述、电路合成、电路仿真等设计工作。VHDL 具有极强的描述能力，能支持系统行为级、寄存器传输级和逻辑门电路级 3 个不同层次的设计，能够完成从上层到下层（从抽象到具体）逐层描述的结构化设计思想。

用 VHDL 设计电路主要的工作过程如下。

（1）编辑：用文本编辑器输入设计的源文件（为了提高输入效率，可用某些专用编辑器）。

（2）编译：用编译工具将文本文件编译成代码文件，并检查语法错误。

（3）功能仿真（前仿真）：在编译后进行逻辑功能验证，此时的仿真没有延时，对于初步的功能检测非常方便。

（4）综合：将设计的源文件用自动综合工具由语言转换为实际的电路图（门电路级网表），但此时还没有在芯片中形成真正的电路，就像是把设计者脑海中的电路画成了原理图。

（5）布局、布线：用已生成的网表文件，再根据 CPLD（或 FPGA）器件的容量和结构，用自动布局布线工具进行电路设计。首先根据网表文件内容和器件结构确定逻辑门的位置，然后再根据网表提供的门连接关系，把各个门的输入、输出连接起来，类似于设计

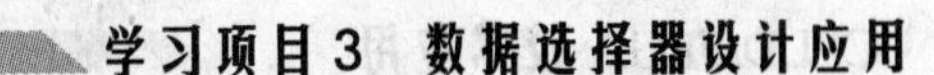

PCB（印制电路板）时的布局布线工作。最后生成一个供器件编程（或配置）的文件，同时还会在设计项目中增加一些时序信息，以便于进行后仿真。

（6）后仿真（时序仿真）：这是与实际器件工作情况基本相同的仿真，用来确定设计在经过布局、布线之后，是否仍能满足设计要求。如果设计的电路时延满足要求，则可以进行器件编程（或配置）。

下面以实例 3-3 给出的程序为例，详细介绍 Quartus Ⅱ的文本输入法的设计流程。

3.4.1　编辑文件

Quartus Ⅱ的文本输入法的设计流程与第一章讲过的原理图输入法设计流程基本相同。

1．新建文件夹

假设本项设计的文件夹取名为“mux21a”，在 D 盘中，路径为 d:\ mux21a。

2．编辑文本

打开 Quartus Ⅱ，选择菜单命令“File→New”。在“New”窗口的“Device Design Files”选项卡中选择“VHDL File”项，如图 3-9 所示，单击【OK】按钮，然后即可在编辑窗口中输入所需的程序，如图 3-10 所示。

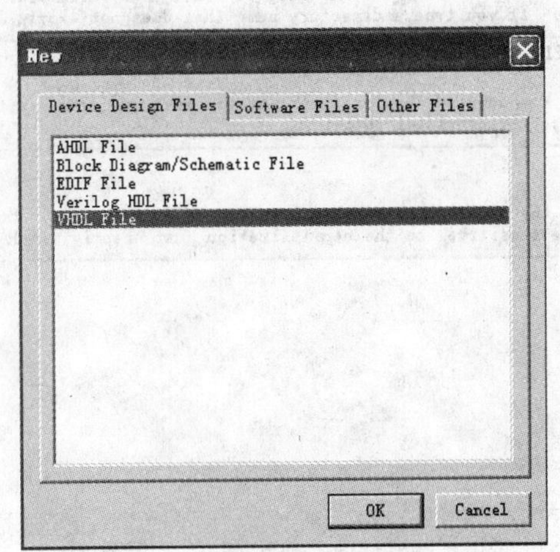

图 3-9　选择编辑文件类型

将实例 3-3 的 VHDL 程序输入编辑窗，如图 3-10 所示。

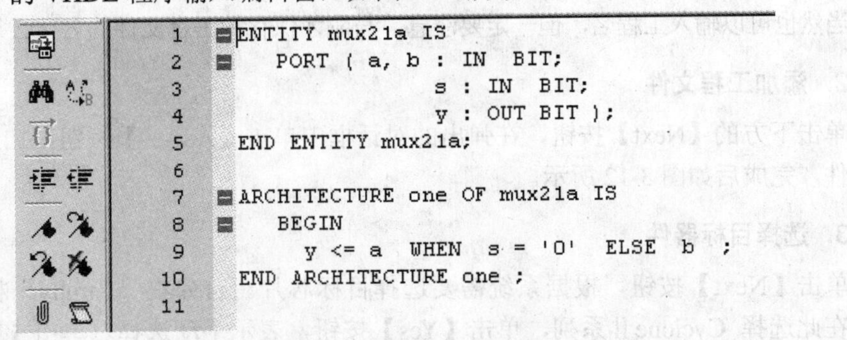

```
1   ENTITY mux21a IS
2      PORT ( a, b : IN  BIT;
3                 s : IN  BIT;
4                 y : OUT BIT );
5   END ENTITY mux21a;
6
7   ARCHITECTURE one OF mux21a IS
8      BEGIN
9       y <= a  WHEN  s = '0'  ELSE  b ;
10  END ARCHITECTURE one ;
11
```

图 3-10　2 选 1 数据选择器 VHDL 程序

3. 保存文件

选择菜单命令“File→Save As”，找到已设立的文件夹路径 d:\ mux21a，文件名为“mux21a.vhd”。注意，保存的文件名必须同实体名！若出现问句“Do you want to create…”，可单击【否】按钮。

3.4.2 创建工程

同原理图输入方法相同，在完成文本输入以后，同样要建立工程来完成后续操作。

1. 打开工程向导

选择菜单命令“File→New Preject Wizard”，即弹出新建工程向导对话框。单击【Next】按钮，出现如图 3-11 所示的工程基本设置对话框。

单击此对话框第一栏右侧的【…】按钮，找到文件夹 d:\ mux21a，选中已存盘的文件“mux21a .vhd”。再单击【打开】按钮，返回新建工程向导对话框，如图 3-11 所示。

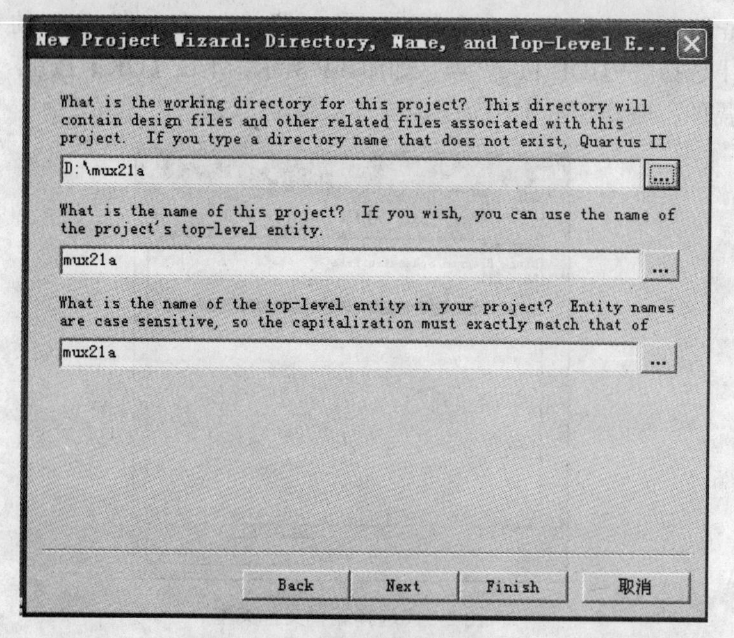

图 3-11　新建工程向导对话框

当然也可以输入工程名，但一定要注意，与刚才保存的语言文件的名字必须是一样的。

2. 添加工程文件

单击下方的【Next】按钮，在弹出的对话框中单击【Add…】按钮，加入与本工程有关的文件，完成后如图 3-12 所示。

3. 选择目标器件

单击【Next】按钮，根据系统需要选择目标芯片。首先在“Family”栏中选择芯片系列，在此选择 Cyclone II 系列，单击【Yes】按钮，表示手动选择。单击【Next】按钮，选择此系列的具体芯片：EP2C35F484I8。

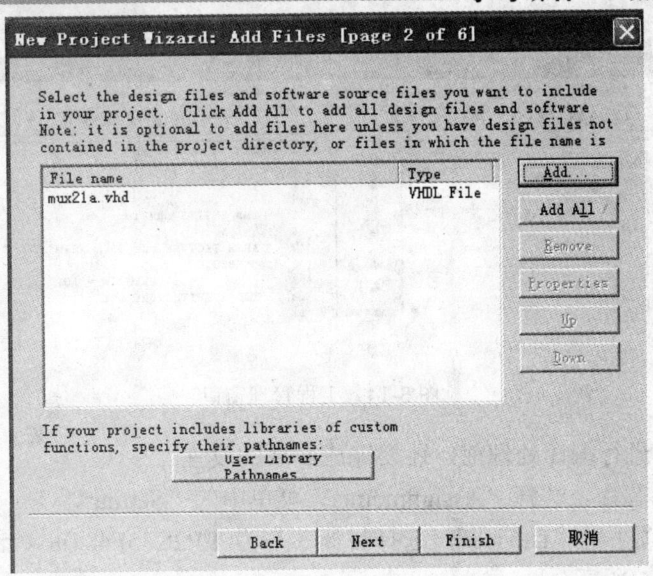

图 3-12　加入设计文件

4. 选择仿真器与综合器

单击【Next】按钮，弹出选择仿真器和综合器类型的窗口。选择默认状态　，表示使用Quartus II中自带的仿真器和综合器。

5. 工程信息阅读

单击【Next】按钮后，弹出 EDA 工具设置统计窗口，如图 3-13 所示。

New Project Wizard: Summary [page 5 of 5]

When you click Finish, the project will be created with the following settings:

Project directory:
D:/mux21a/
Project name: mux21a
Top-level design entity: mux21a
Number of files added: 1
Number of user libraries added: 0
Device assignments:
Family name: Cyclone II
Device: EP2C35F484I8
EDA tools:
Design entry/synthesis: <None>
Simulation: <None>
Timing analysis: <None>

< Back　Next >　Finish　取消

图 3-13　工具设置统计窗口

最后单击【Finish】按钮，出现 mux21a 工程管理窗，显示本工程项目的层次结构，如图 3-14 所示。

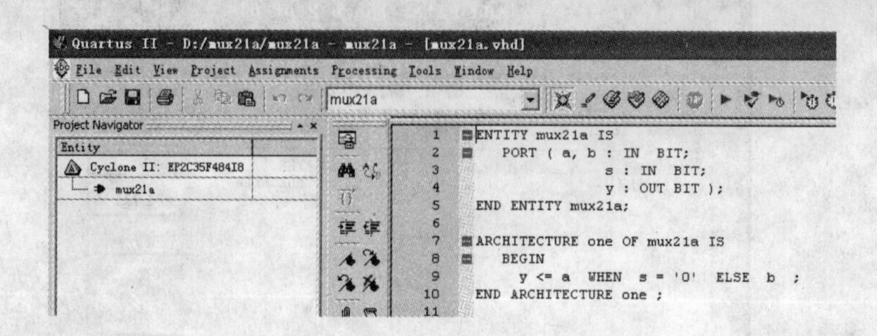

图 3-14 工程管理窗口

在对当前工程进行编译处理前，还要完成必要的设置。

（1）选择目标芯片。选择“Assignmemts”菜单中的“Settings”项，在弹出的对话框中选择“Category”项下的“Device”，选择目标芯片为 EP2C35F484I8（此芯片已在建立工程时选定了），图 3-15 所示。

（2）选择配置器件工作方式。单击【Device and Pin Options】按钮，进入“Device and Pin Options”选择窗口。选择“General”项，在“Options”栏内选中“Auto-restart configuration after error”。

（3）选择配置器件和编程方式。选择“Configuration”项，在“Configuration”选项卡中，选择配置器件为 EPCS1，其配置模式选择“Active Serial”。

（4）选择输出设置。选择“Programming Files”页，选中“Hexadecimal（Intel-Format）output File”，即在生成常规下载文件的同时，产生二进制配置文件*.hexout，并设地址起始为 0 的递增方式。

（5）选择目标器件闲置引脚的状态。选择“Unused Pins”项，将目标器件闲置引脚的状态设置为输出状态（呈低电平）。

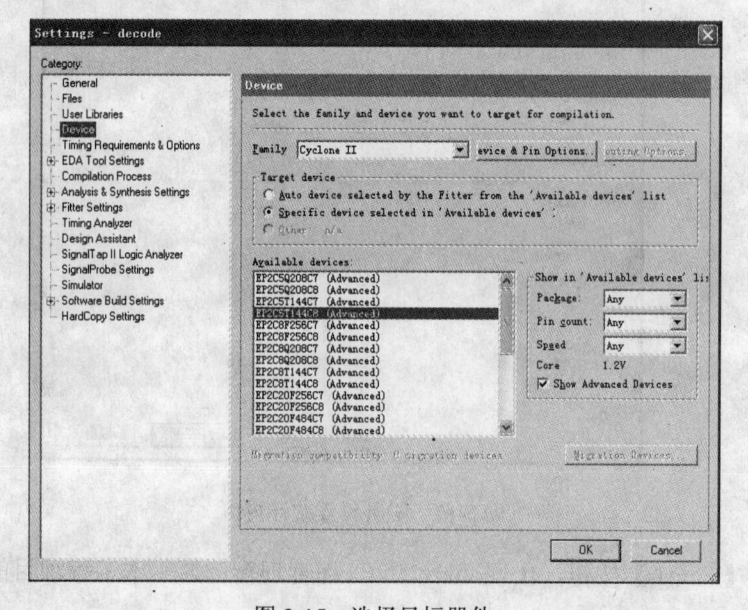

图 3-15 选择目标器件

3.4.3 编译

选择“Processing”菜单中的“Start Compilation”选项，启动全程编译。如果工程文件中有错误，可双击提示信息，在闪动的光标处（或附近）仔细查找，改正后保存，再次进行编译，直到没有错误为止。编译成功后可以看到编译报告，左边栏是编译处理信息目录，右边是编译报告，如图 3-16 所示。

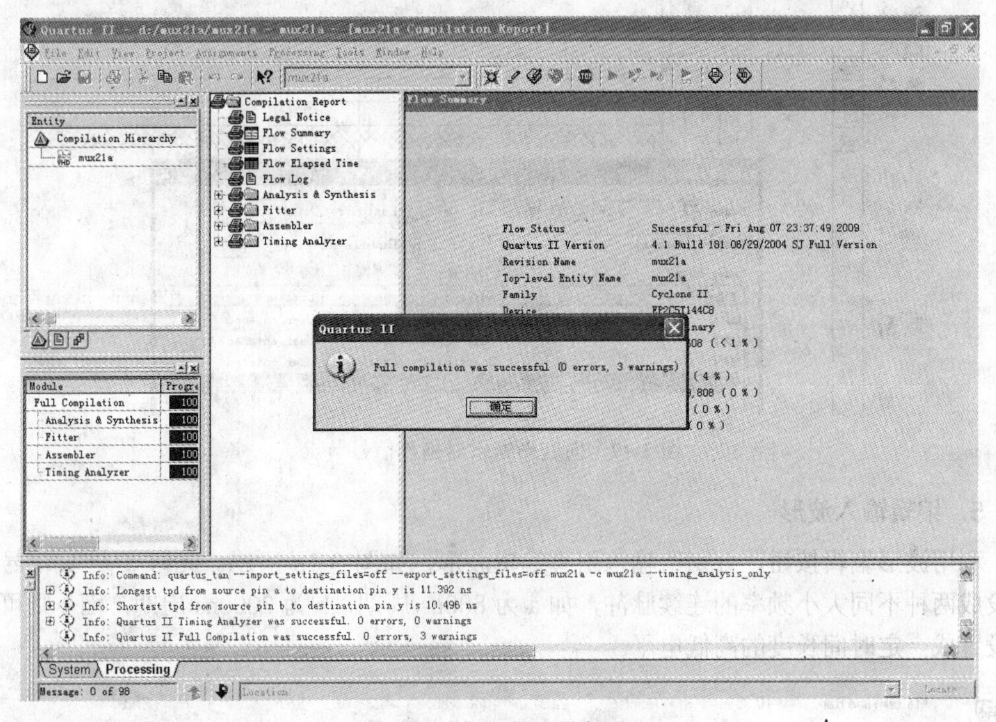

图 3-16　全程编译成功界面

3.4.4 仿真

完成编译后，就可以进行功能仿真了。

1．打开波形编辑器

选择“File”菜单中的“New”项，在“New”窗口中选择“Other Files”选项卡中的“Vector Waveform File”，如图 3-17 所示，单击【OK】按钮。

2．设置仿真时间区域

在“Edit”菜单中选择“End Time”项，在弹出的窗口中的“Time”栏处输入“50”，单位选“μs”，整个仿真域的时间即设定为 50μs。单击【OK】按钮，结束设置。

3．波形文件存盘

选择菜单命令“File→Save as”，将以默认名为“mux21a.vwf”的波形文件存入文件夹 d:\ mux21a。

注意：此名字必须与工程名相同。

4．输入信号节点

选择菜单命令“View→Utility Windows→Node Finder”。在弹出的对话框的“Filter”栏中选“Pins：all”，然后单击【List】按钮，在下方的“Nodes Found”窗口中出现设计中的mux21a 工程的所有端口名。用鼠标将所有端口节点拖到波形编辑窗口中，结束后关闭“Nodes Found”窗口。

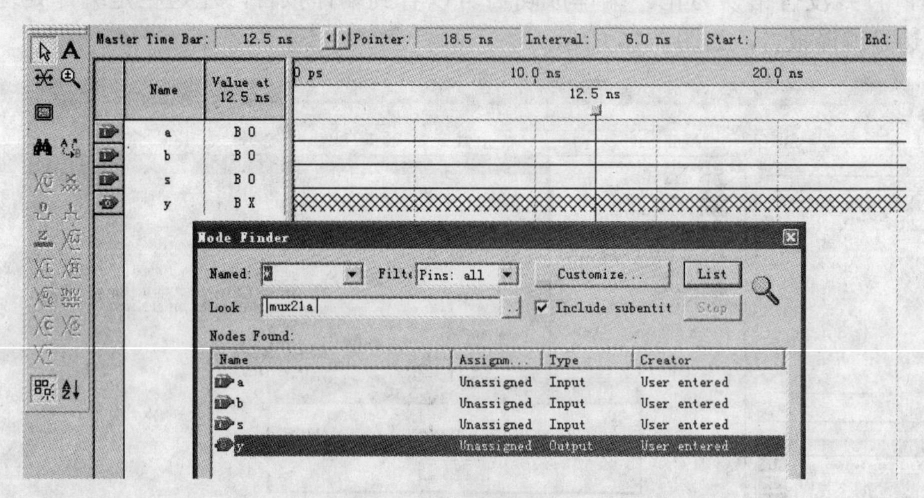

图 3-17　向波形编辑器拖入信号节点

5．编辑输入波形

利用波形编辑按钮，分别给输入引脚编辑波形，如图 3-18 所示。此时 a 与 b 信号可有意设成两种不同大小频率的连续脉冲，如 a 为 800ns 周期，b 为 2000ns 周期，而 s 则可以任意设置成一定时间长度的高低电平。

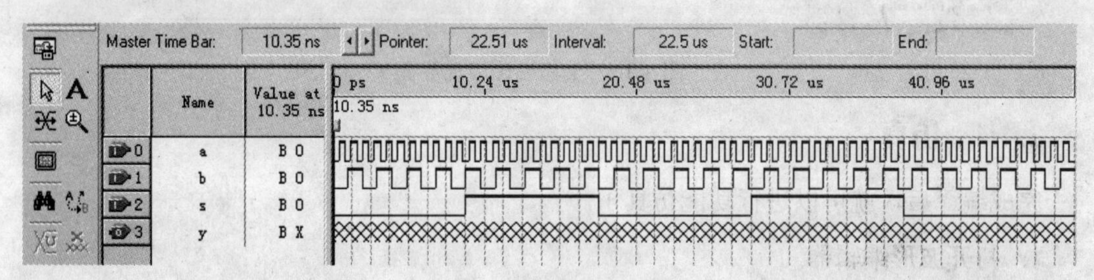

图 3-18　设置好的激励波形图

6．仿真器参数设置

选择“Assignment”菜单中的“Settings”，在“Settings”窗口右侧的“Simulation”项下选择“Timing”，即选择时序仿真，并选择仿真激励文件名“mux21a.vwf”（通常默认），选中“Run simulation until all vector stimuli are used”全程仿真。然后再选择“Simulation Verification”栏，确认选定“Simulation coverage reporting”；毛刺检测“Glitch detection”设为 1ns 宽度，最后单击【OK】按钮确认。

7．启动仿真器

选择菜单命令“Processing→Start Simulation”，启动仿真器。

8. 观察仿真结果

仿真波形文件如图3-19所示。

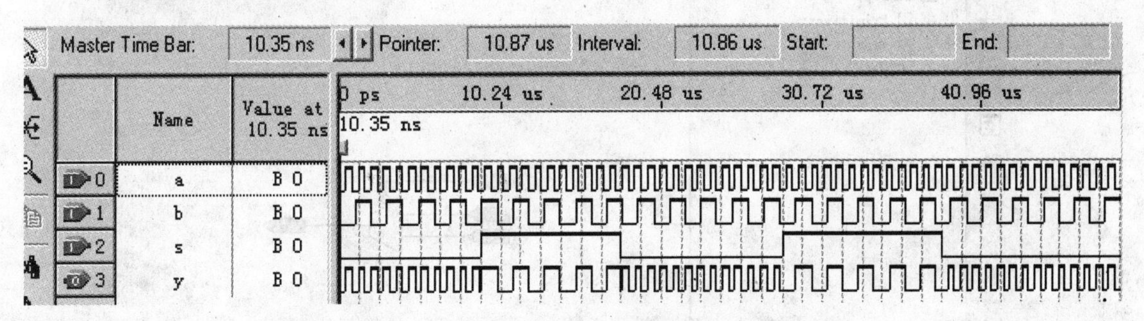

图3-19 仿真波形输出

由图示可知，电路功能符合设计要求，实现了选择功能。

3.4.5 应用RTL电路观察器

Quartus II可实现硬件描述语言或网表文件对应的RTL电路图的生成。选择菜单命令"Tools→Netlist Viewers→RTL Viewer"，可以打开mux21a工程的RTL电路图，如图3-20所示。此时出现图3-21所示RTL电路图。双击图形中的有关模块，或选择左侧各项，可逐层了解各层次的电路结构。

对于较复杂的RTL电路，可利用功能过滤器Filter简化电路。用右键单击该模块，在弹出的菜单中选择"Filter"项下的"Sources"或"Destinations"，如图3-22所示，产生相应的简化电路。

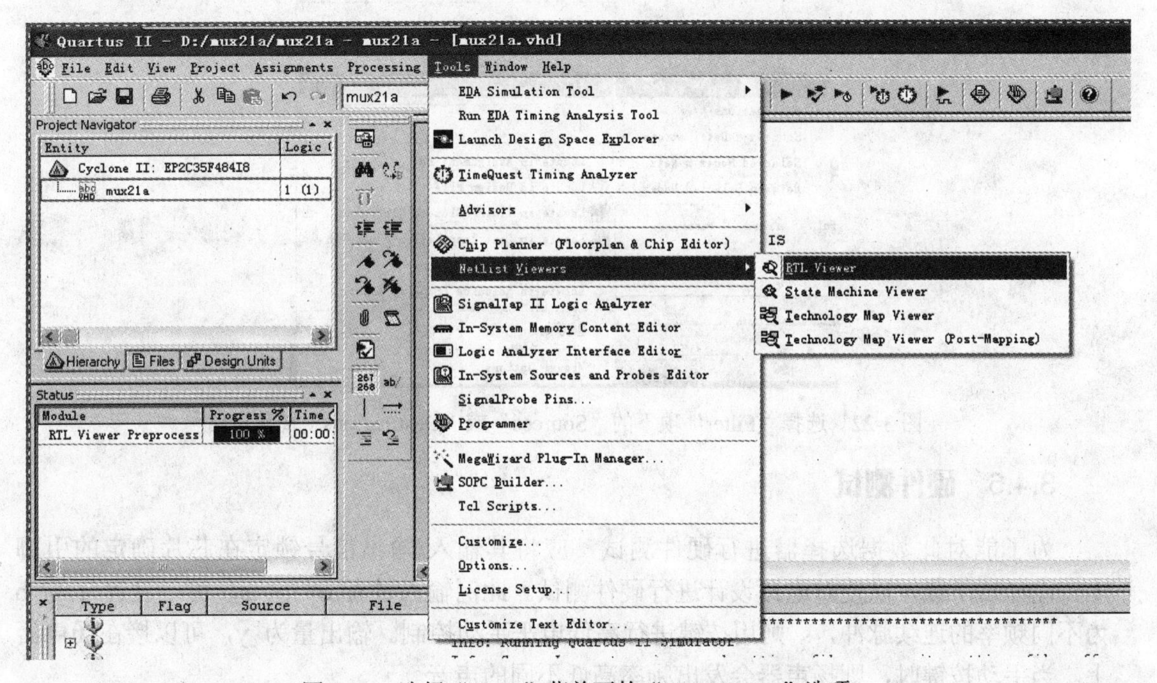

图3-20 选择"Tools"菜单下的"RTL Viewer"选项

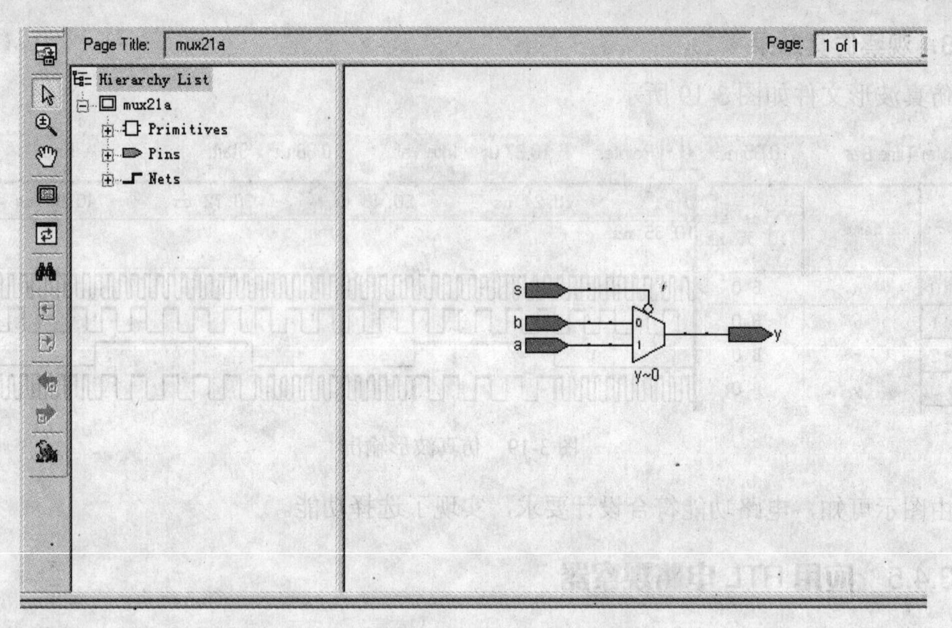

图 3-21 mux21a 工程的 RTL 电路图

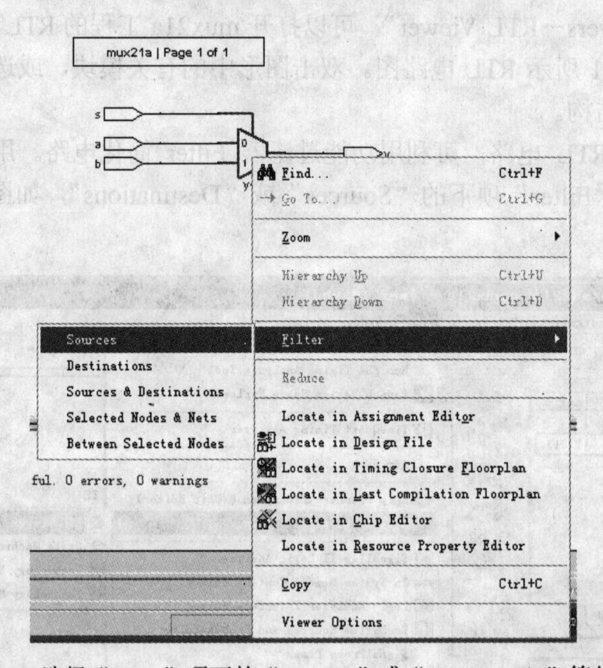

图 3-22 选择“Filter”项下的“Sources”或“Destinations”简化电路

3.4.6 硬件测试

为了能对此数据选择器进行硬件测试，应将其输入/输出信号锁定在芯片确定的引脚上，编译后下载，以便对电路设计进行硬件测试。此例输入量有 a、b、s，可以设置 a 与 b 为不同频率的连续脉冲，s 则用按键进行高低电平手动控制。输出量为 y，可以接在扬声器上。当手动按键时，则扬声器会发出频率高低不同的声音。

具体过程参见 1.3.6 节。

操作测试 3 优先编码器的 VHDL 设计

班级________________ 姓名________________ 学号________________

1. 实验目的

熟悉利用 Quartus II 的 VHDL 输入方法设计优先编码器，通过仿真过程分析电路功能。

A(7)	A(6)	A(5)	A(4)	A(3)	A(2)	A(1)	A(0)	Y(2)	Y(1)	Y(0)
0	*	*	*	*	*	*	*	0	0	0
1	0	*	*	*	*	*	*	0	0	1
1	1	0	*	*	*	*	*	0	1	0
1	1	1	0	*	*	*	*	0	1	1
1	1	1	1	0	*	*	*	1	0	0
1	1	1	1	1	0	*	*	1	0	1
1	1	1	1	1	1	0	*	1	1	0
1	1	1	1	1	1	1	0	1	1	1
1	1	1	1	1	1	1	1	1	1	1

2. 实验步骤

分析功能：8-3 优先编码器（输入信号中________优先级最高，__________优先级最低）

程序设计：

（1）一个完整的 VHDL 语言分为____________、____________和____________部分。

（2）此电路的实体应该如何描述（请书写程序）：

（3）此电路的结构体应该如何描述（请书写程序）：
输入程序，编译并仿真。

3. 思考题

（1）电路程序设计时，输入与输出信号使用位与位矢量会有什么不同？

（2）如果不使用 IF 结构，用 WHEN_ELSE 条件信号赋值语句可以吗？请写出程序段。

习　题　3

3-1　说明实体、设计实体概念。

3-2　画出与下列实体描述对应的原理图符号。

```
ENTITY buf3s IS                 -- 实体 1：三态缓冲器
PORT(input: IN  BIT;            -- 输入端
     enable: IN  BIT;           -- 使能端
     output: OUT BIT);          -- 输出端
END buf3s;

ENTITY mux21 IS                     -- 实体 2：2 选 1 多路选择器
PORT(in0, in1, sel: IN  BIT;
```

```
        output: OUT BIT);
    END mux21;
```

3-3 说明端口模式 INOUT 和 BUFFER 有何异同点。

3-4 图 3-23 所示是 4 选 1 多路选择器，试用 IF_THEN 语句表达方式写出此电路的 VHDL 程序。选择控制的信号 s1 和 s0 的数据类型为 BIT_VECTOR；当“s1='0'，s0='0'；s1='0'，s0='1'；s1='1'，s0='0'”和“s1='1'，s0='1'”分别执行“y<=a、y<=b、y<=c、y<=d”。

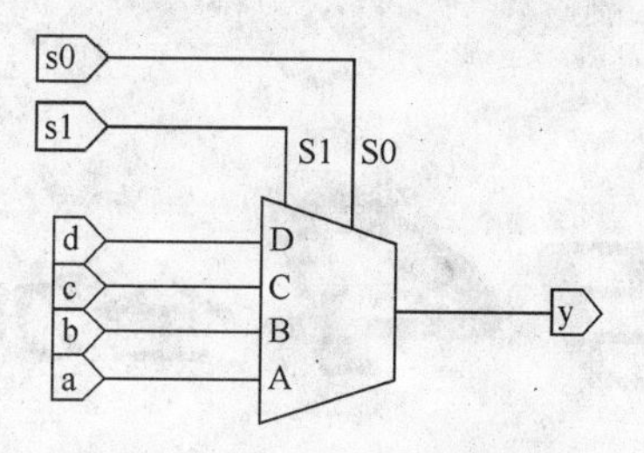

图 3-23 4 选 1 多路选择器

3-5 图 3-24 所示是双 2 选 1 多路选择器构成的电路 muxk，对于其中的 mux21a，当 s='0'和'1'时，分别有 y<='a'和 y<='b'。试在一个结构体中用两个进程来表达此电路，每个进程中用 IF_THEN 语句描述一个 2 选 1 多路选择器 mux21a。

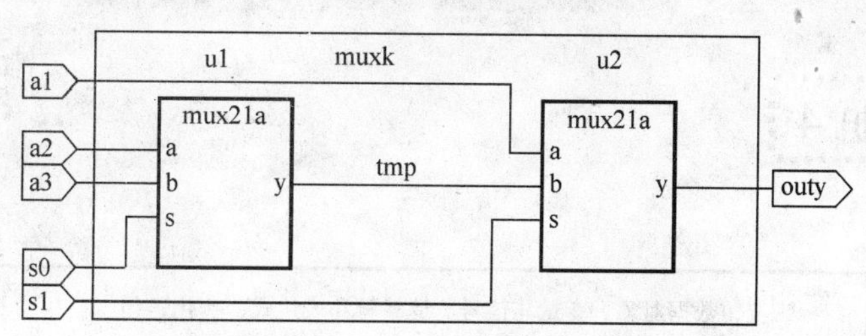

图 3-24 双 2 选 1 多路选择器

学习项目4 全加器设计应用

教学导航4

<table>
<tr><td>理论知识</td><td colspan="3">标识符、数据对象、变量与信号、运算符和表达式、例化语句</td></tr>
<tr><td>技能</td><td colspan="3">巩固前一学习项目中文本输入法操作方法，熟悉层次化 VHDL 程序设计方法，最终完成 1 位全加器应用项目</td></tr>
<tr><td>活动设计</td><td colspan="3">（1）全加器应用分析　（2）半加器与或门 VHDL 描述
（3）全加器描述及语法说明　（4）全加器例化语句
（5）全加器实现并测试　（6）方案小结</td></tr>
<tr><td>工作过程</td><td>教学内容</td><td>教学方法</td><td>建议学时</td></tr>
<tr><td>（1）相关背景知识</td><td>（1）语句结构和语法说明（标识符、数据对象、变量与信号、运算符和表达式）
（2）层次结构 VHDL 程序介绍</td><td>讲授法
案例教学法</td><td>4</td></tr>
<tr><td>（2）1 位全加器应用分析、设计方案</td><td>（1）逻辑功能分析
（2）产品应用分析</td><td>小组讨论法
问题引导法</td><td>1</td></tr>
<tr><td>（3）1 位全加器实现</td><td>（1）编辑半加器与或门文件
（2）分别创建工程并编译仿真
（3）编辑顶层全加器文件
（4）编译　（5）仿真
（6）应用 RTL 电路图观察器
（7）硬件测试</td><td>练习法
现场分析法</td><td>5</td></tr>
<tr><td>（4）应用水平测试</td><td>（1）总结项目实施过程中的问题和解决方法
（2）完成项目测试题，进行项目实施评价</td><td>问题引导法</td><td>2</td></tr>
</table>

4.1 VHDL 数据结构

4.1.1 VHDL 语言的标识符和数据对象

在 VHDL 中，数据对象有三类，即变量（VARIABLE）、常量（CONSTANT）和信号（SIGNAL）。尽管信号和变量已在前面一些示例中出现过，但都没有做更详细的解释。下面就从标识符、数据对象、数据类型和表达式几个方面介绍一下 VHDL 的数据结构。

1. 标识符

标识符是书写程序时允许使用的一些符号（字符串），主要由 26 个英文字母、数字 0～9 及下画线“_”的组合构成，允许包含图形符号（如回车符、换行符等），可以用来定义常量、变量、信号、端口、子程序或参数的名字。

在 VHDL 中把具有特定意义的标识符号称为关键词，只能作固定用途使用，用户不能将关键词作为一般标识符来使用，如 ENTITY、PORT、BEGIN、NOT、END 等。标识符的命名规则如下：

（1）必须以字母开头；

（2）下画线不能连用；

（3）最后一个字符不能是下画线；

（4）对大小写字母不敏感（英文字母不区分大、小写）；

（5）长度不能超过 32 个字符。

2. 常量

常量的定义和设置主要是为了使程序更容易阅读和修改。例如，将逻辑位的宽度定义为一个常量，只要修改这个常量就能很容易地改变宽度，从而改变硬件结构。

在程序中，常量是一个恒定不变的值，一旦做了数据类型和赋值定义，在程序中就不能再改变，因而具有全局性意义。常量定义的一般表述如下：

```
CONSTANT  常量名：数据类型 := 表达式 ;
```

例如：

```
CONSTANT  sub : BIT_VECTOR := "010110" ;        --位矢量类型
CONSTANT  dataout : INTEGER := 15 ;             -- 整数类型
```

第 1 句定义常量 sub 的数据类型是 BIT_VECTOR，它等于“010110”；第 2 句定义常量 dataout 的数据类型是整数 INTEGER，它等于 15。

VHDL 要求所定义的常量数据类型必须与表达式的数据类型一致。

常量定义语句所允许的设计单元有实体、结构体、程序包、块、进程和子程序。

常量的可视性，即常量的使用范围取决于它被定义的位置。如果在程序包中定义，常量具有最大的全局化特征，可以用在调用此程序包的所有设计实体中；常量如果定义在设计实体中，其有效范围为这个实体定义的所有的结构体（含多结构体时）；常量如果定义在设计实体的某一结构体中，则只能用于此结构体；如果常量定义在结构体的某一单元，如一个进程中，则这个常量只能用在这一进程中。这就是常量的可视性规则。这一规则与信

号的可视性规则是完全一致的。

3. 变量

在 VHDL 语法规则中，变量是一个局部量，只能在进程和子程序中使用。变量不能将信息带出对它做出定义的当前结构。变量的赋值是一种理想化的数据传输，是立即发生的，不存在任何延时行为。变量的主要作用是在进程中作为临时的数据存储单元。

定义变量的一般表述如下：

```
VARIABLE 变量名 : 数据类型 := 初始值 ;
```

例如：

```
VARIABLE  a : INTEGER RANGE 0 TO 15 ;
VARIABLE  d : BIT := '1' ;
```

这两句分别定义 a 为取值范围是 0～15 的整数型变量；d 为位类型的变量。

变量作为局部量，其适用范围仅限于定义了变量的进程或子程序的顺序语句中。在这些语句结构中，同一变量的值将随变量赋值语句前后顺序的运算而改变，因此，变量赋值语句的执行与软件描述语言中完全顺序执行的赋值操作十分类似。

在变量定义语句可以定义初始值，这是一个与变量具有相同数据类型的常量值，这个表达式的数据类型必须与所赋值的变量一致，初始值的定义不是必需的。此外，由于硬件电路上电后的随机性，综合器并不支持设置初始值。

变量赋值的一般表述如下：

```
目标变量名 := 表达式 ;
```

由此可见，变量赋值符号是“:=”。变量数值的改变是通过变量赋值来实现的。赋值语句右方的“表达式”必须是一个与“目标变量名”具有相同数据类型的数值，这个表达式可以是一个运算表达式，也可以是一个数值。通过赋值操作，新的变量值的获得是立刻发生的。变量赋值语句左边的目标变量可以是单值变量，也可以是一个变量的集合，如位矢量类型的变量。例如：

```
VARIABLE  x, y : INTEGER RANGE 15 DOWNTO 0 ;--定义变量 x 和 y 为整数类型
VARIABLE  a, b : BIT_VECTOR (7 DOWNTO 0) ;
x := 11 ;                                  --x 直接整数赋值
y := 2 + x ;                               -- 运算表达式赋值，y 也是整数变量
a := b                                     --b 向 a 赋值
a (0 TO 5)  :=  b (2 TO 7)  ;              --b 的其中 6 位向 a 的其中 6 位赋值
```

4. 信号

信号是描述硬件系统的基本数据对象，它的性质类似于连接线。信号可以作为设计实体中并行语句模块间的信息交流通道。

信号作为一种数值容器，不但可以容纳当前值，也可以保持历史值（这取决于语句的表达方式）。这一属性与触发器的记忆功能有很好的对应关系，只是不必注明信号上数据流动的方向。信号定义的语句格式与变量相似，定义格式是：

```
SIGNAL 信号名 : 数据类型 := 初始值 ;
```

同样，信号初始值的设置也不是必需的，而且初始值仅在 VHDL 的行为仿真中有效。

与变量相比，信号的硬件特征更为明显，它具有全局性特征。例如，在实体中定义的信号，在其对应的结构体中都是可见的，即在整个结构体中的任何位置、任何语句结构中都能获得同一信号的赋值。

事实上，除了没有方向说明以外，信号与实体的端口（Port）概念是一致的。对于端口来说，其区别只是输出端口不能读入数据，输入端口不能被赋值。信号可以看成是实体内部（设计芯片内部）的端口。反之，实体的端口只是一种隐形的信号，在实体中对端口的定义实质上是做了隐式的信号定义，并附加了数据流动的方向，而信号本身的定义是一种显式的定义。因此，在实体中定义的端口，在其结构体中都可以看成是一个信号，并加以使用，而不必另做定义。

此外还需要注意，信号的使用和定义范围是实体、结构体和程序包，在进程和子程序的顺序语句中不允许定义信号。此外，在进程中只能将信号列入敏感表，而不能将变量列入敏感表。可见进程只对信号敏感，而对变量不敏感，这是因为只有信号才能把进程外的信息带入进程内部，或将进程内的信息带出进程。

当信号定义了数据类型和表达方式后，在 VHDL 设计中就能对信号进行赋值了。信号的赋值语句表达式如下：

```
目标信号名 <= 表达式  AFTER 时间量;
```

这里的“表达式”可以是一个运算表达式，也可以是数据对象（变量、信号或常量）。数据信息的传入可以设置延时量，如 AFTER 3ns。因此目标信号获得传入的数据并不是即时的。即使是零延时（不做任何显式的延时设置，即等效于 AFTER 0ns），也要经历一个特定的延时，即δ延时。因此，符号“<=”两边的数值在时序上并不是一致的，这与实际器件的传播延迟特性是吻合的，所以这与变量的赋值过程有很大差别。

信号的赋值可以出现在一个进程中，也可以直接出现在结构体的并行语句结构中，但它们运行的含义是不一样的。前者属于顺序信号赋值，这时的信号赋值操作要视进程是否已被启动，并且允许对同一目标信号进行多次赋值；后者属于并行信号赋值，其赋值操作是各自独立并行地发生的，且不允许对同一目标信号进行多次赋值。

注意：在进程中，可以允许同一信号有多个驱动源（赋值源），即在同一进程中存在多个同名的信号被赋值，其结果只有最后的赋值语句被启动，并进行赋值操作。例如：

```
SIGNAL a，b，c，y，z: INTEGER;
  ...
PROCESS （a，b，c）
BEGIN
 y <= a + b ;
 z <= c - a ;
 y <= b ;
END PROCESS ;
```

上例中，a、b、c 被列入进程敏感表，当进程被启动后，信号赋值将自上而下顺序执行，但第一项赋值操作 y<=a+b 并不会发生，因为 y 的最后一项驱动源是 b，所以 y 被赋值 b。

但在并行赋值语句中，不允许如上例所示的同一信号有多个驱动源的情况。

5．进程中的信号与变量赋值

准确理解和把握一个进程中的信号和变量赋值行为的特点以及它们功能上的异同点，对利用 VHDL 正确地进行电路设计十分重要。下面对信号和变量这两种数据对象在赋值上的异同点做一些比较分析，希望能使读者对它们有更深刻的理解。

一般从硬件电路系统来看，变量和信号相当于逻辑电路系统中的连线和连线上的信号值；常量相当于电路中的恒定电平，如 GND 或 VCC 接口。

从行为仿真和 VHDL 语句功能上看，信号与变量具有比较明显的区别，其差异主要表现在接收和保持信号的方式和信息保持与转递的区域大小上。例如，信号可以设置传输延迟量，而变量则不能；变量只能作为局部的信息载体，如只能在所定义的进程中有效，而信号则可作为模块间的信息载体，如在结构体中各进程间传递信息。变量的设置有时只是一种过渡，最后的信息传输和界面间的通信都靠信号来完成。综合后的 VHDL 文件中信号将对应更多的硬件结构。

但对于信号和变量，单从行为仿真和纯语法的角度去认识是不完整的。事实上，在许多情况下，综合后所对应的硬件电路结构中信号和变量有时并没有什么区别。

例如，在满足一定条件的进程中，综合后它们都能引入寄存器。其关键在于，它们都具有能够接受赋值这一重要的共性，而 VHDL 综合器并不理会它们在接受赋值时存在的延时特性（只有 VHDL 仿真器才会考虑这一特性差异）。

表 4-1 就基本用法、适用范围和行为特性方面对信号与变量做了比较。

表 4-1 信号与变量赋值语句功能的比较

	信号 SIGNAL	变量 VARIABLE
基本用法	用于作为电路中的信号连线	用于作为进程中局部数据存储单元
适用范围	在整个结构体内的任何地方都能适用	只能在所定义的进程中使用
行为特性	在进程的最后才对信号赋值	立即赋值

4.1.2 数据类型、表达式

对于常量、变量和信号这 3 种数据对象，在为每一种数据对象赋值时都要确定其数据类型。VHDL 对数据类型有着很强的约束性，不同的数据类型不能直接运算，相同类型的如果位长不同也不能运算，否则 EDA 工具在编译、综合过程中会报告类型错误。

根据数据产生来源可将数据类型分为预定义类型和用户自定义类型两大类，这两类在 VHDL 的标准程序包中都做了定义，设计时可随时调用。下面按这种分类方式介绍一下在数字电路设计中常用的数据类型。

1．预定义数据类型

该类型是最常用、最基本的一种数据类型，在标准程序包 STANDARD、STD LOGIC_1164 及其他程序包中做了定义，已自动包含在 VHDL 源文件中，不必通过 USE 语句进行显示调用。具体类型如下。

1）整数类型（INTEGER）

整数与数学中的整数相似，包括正整数、零、负整数。整数和适用于整数的关系运算

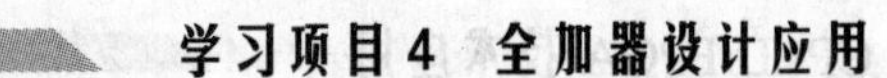

符、算术运算符均由 VHDL 预先定义。整数类型的表示范围是 32 位有符号的二进制数范围，这么大范围的数及其运算在 EDA 实现过程中将消耗很大的器件资源，而实际涉及的整数范围通常很小，如一位十进制数码管只需显示 0～9 十个数字。因此在使用整数类型时，要求用 RANGE 语句为定义的整数确定一个范围。例如：

```
SIGNAL num: INTEGER RANGE 0 TO 255; （定义整型信号 num 的范围 0～255）
```

整数包括十进制、二进制、八进制和十六进制，默认是十进制。其他进制在表示时用符号#区分进制与数值。

例如：123　　　　十进制整数 123

2#0110#　　　二进制整数 0110

8#576#　　　八进制整数 576

16#FA#　　　十六进制整数 FA

2）自然数（NATURAL）和正整数（POSITIVE）类型

自然数类型是整数类型的子集，正整数类型又是自然数类型的子集。自然数包括零和正整数，正整数只包括大于零的整数。

3）实数（REAL）类型

与数学中的实数类似，数据范围是-1.0E38～+1.0E38。书写时一定要有小数点（包括小数部分为 0 时）。VHDL 仅在仿真时可使用该类型，在综合过程中综合器是不支持实数类型的。实数也包括十进制、二进制、八进制和十六进制。

例如：5.0　　　十进制实数 5.0

312.7　　　十进制实数 312.7

8#45.3　　　八进制实数 45.3

注意：不能把实数赋给信号，只能赋给实数类型的变量。

4）位（BIT）类型

位数据类型是属于可枚举类型，信号通常用位表示，位值用带单引号括起来的'0'和'1'表示，只代表电平的高低，与整数中的 0 和 1 意义不同。

5）位向量（BIT_VECTOR）类型

位向量是用双引号括起来的一组数据，是基于位数据类型的数组，可以表示二进制或十六进制的位向量。例如“011010”、H“OOAB”，H 表示是十六进制。使用位向量通常要声明位宽，即数组中元素的个数和排列顺序。例如：

```
SIGNAL x: BIT_VECTOR (7 DOWNTO 0);
```

表示信号 x 被定义为具有 8 位位宽的量，最左位是 x（7），最右位是 x（0）。

6）布尔量（BOOLEAN）类型

布尔量只有两种取值，true 和 false，虽然也是二值枚举量，但与位数据不同，没有数值的含义，不能进行算术运算，只能进行关系运算。布尔量初值通常定义为“false”。例如，关系表达式 CLK ='1'，其含义是当 CLK 的值等于 1 时，表达式 CLK='1'的值为“true”。

7）字符（CHARACTER）类型

字符也作为一种数据类型，定义的字符量要用单引号括起来，如'A'，并且对大小写敏感，如'A'和'a'是不同的。字符量中的字符可以是英文字母中任意一个大、小写字母，0～9中任何一个数字以及空格，或者是一些特殊字符，如$、%、@等。

8）字符串（STRING）类型

字符串是用双引号括起来的一个字符序列，也称为字符串向量或字符串数组，如"VHDL Programmer"。字符串常用于程序的提示或程序说明。

9）时间（TIME）类型

时间类型是 VHDL 中唯一预定义的物理量数据。完整的时间数据应包括整数和单位两部分，而且整数和单位之间至少要有一个空格，如 10 ns、20 ms、33 min。VHDL 中规定的最小时间单位是飞秒（fs），单位依次增大的顺序是飞秒（fs）、皮秒（ps）、纳秒（ns）、微秒（μs）和毫秒（ms）等， 这些单位间均为千进制关系。

10）错误等级（SEVERITY LEVEL）类型

错误等级类型数据用来表示系统的工作状态，共有 4 种：NOTE（注意）、WARNING（警告）、ERROR（错误）、FAILURE（失败）。系统仿真时，操作者可根据给出的这几种状态提示，了解当前系统的工作情况并采取相应对策。

2．用户自定义数据类型

前面介绍的是一些标准的预定义数据类型，除此之外，VHDL 允许用户根据需要自己定义新的数据类型，这给设计者提供了极大的自由度。用户定义的数据类型格式如下:

```
TYPE 数据类型名 IS 数据类型定义 OF 基本数据类型;
```

或写成下面的格式:

```
TYPE 数据类型名 IS 数据类型定义;
```

VHDL 允许用户定义的数据类型主要有枚举类型、数组类型和用户自定义子类型 3 种。

1）枚举类型（ENUMERATED）

枚举类型是在数据类型定义中直接列出数据的所有取值。其格式如下:

```
TYPE 数据类型名 IS（ 取值 1,取值 2,…）;
```

例如在硬件设计时，要表示一周内每天的状态，可以用 000 代表周一、001 代表周二，以此类推，直到 110 代表周日。但这种表示方法对编写和阅读程序来说是不方便的。若改用枚举数据类型表示则方便得多，可以把一个星期定义成一个名为"week"的枚举数据类型：TYPE week IS（Mon，Tue，Wed，Thu，Fri，Sat，Sun）；这样，周一到周日就可以用 Mon 到 Sun 来表示，直观了很多。

2）数组类型（ARRAY）

数组类型是将相同类型的数据集合在一起所形成的一个新数据类型，可以是一维的，也可以是多维的。数组类型定义格式如下：

```
TYPE 数据类型 IS ARRAY 范围 OF 数据类型;
```

如果数据类型没有指定，则使用整数数据类型；如果用整数类型以外的其他类型，则

在确定数据范围前需要加上数据类型名。例如："TYPE bus IS ARRAY（15 DOWNTO 0）OF BIT;"数组名称为 bus，共有 16 个元素，下标排序是 15、14、…、1、0，各元素可分别表示为 bus（15）、…、bus（0），数组类型为 BIT。数组类型常在总线、ROM、RAM 中使用。

3）用户自定义子类型

用户若对自己定义的数据做一些限制，由此就形成了用户自定义数据类型的子类型。对于每一个类型说明，都定义了一个范围。一个类型说明与其他类型说明所定义的范围是不同的，在用 VHDL 对硬件描述时，有时一个对象可能取值的范围是某个类型定义范围的子集，这时就要用到子类型的概念。子类型的格式如下：

```
SUBTYPE 子类型名 IS 基本数据类型名[ 范围限制] ;
```

例如：TYPE INTEGER IS -2147483647 TO +2147483647;

```
SUBTYPE INT1 IS INTEGER RANGE 1 TO +2147483647;
SUBTYPE INT2 IS INTEGER RANGE -2147483647 TO -1;
```

在以上 3 条语句中定义了两个整数的子类型：INT1 和 INT2，即正整数和负整数。先定义了整数类型，然后在关键字"SUBTYPE"后面定义了子类型名，接着在关键字"IS"之后是子类型的基本类型，最后是对子类型取值范围的限制。

3. VHDL 的表达式

VHDL 的表达式是将操作数用不同类型的运算符连接而成，其基本元素包括运算符和操作数。运算符指明了要进行何种运算，操作数则提供运算所需的数据。

1）运算符

VHDL 与其他高级语言相似，有丰富的运算符，以满足描述不同功能的需要。主要有 6 类常用的运算符，见表 4-2。

（1）逻辑运算符。VHDL 有 7 种逻辑运算符：AND、OR、NAND、NOR、XOR、XNOR、NOT。这些逻辑运算符可以对 BIT、BOOLEAN 和 STD_LOGIC 等类型的对象进行运算，也可以对这些数据类型组成的数组进行运算，同时要求逻辑运算符左边和右边的数据类型必须相同；对数组来说就是参与运算数组的维数要相同，并且结果也是同维数的数组。

在这些运算符中，NOT 和算术运算符中的 ABS、**的优先级相同，是所有运算符中优先级最高的。其他 6 个运算符优先级相同，是所有运算符中优先级最低的。在一些高级语言中，逻辑运算符有从左向右或从右向左的优先组合顺序，而在 VHDL 中，左右没有优先组合的区别，一个表达式中如果有多个逻辑运算符，运算顺序的不同可能会影响运算结果，就需要用括号来解决组合顺序的问题。

例如：

```
x<=（a AND b）  OR （NOT c  AND d）;        -- x=a·b+c̄·d
y<= a AND b   OR  NOT c  AND d;              -- 编译时会给出语法错误信息

m<=（a OR b） AND c;                         -- m=（a+b）·c
n=< a OR b  AND c;                           -- 编译时会给出语法错误信息
```

表 4-2 VHDL 运算符表

运算符类型	运 算 符	功 能
逻辑运算符	NOT	逻辑非
	AND	逻辑与
	OR	逻辑或
	NAND	逻辑与非
	NOR	逻辑或非
	XOR	逻辑异或
	XNOR	逻辑同或
关系运算符	=	等于
	/=	不等于
	<	小于
	>	大于
	<=	小于或等于
	>=	大于或等于
移位运算符	SLL	逻辑左移
	SLA	算术左移
	SRL	逻辑右移
	SRA	算术右移
	ROL	循环左移
	ROR	循环右移
符号运算符	+	正号
	−	负号
连接运算符	&	位合并
算术运算符	+	加号
	−	减号
	*	乘
	/	除
	MOD	取模
	REM	取余
	**	二次方
	ABS	取绝对值

如果逻辑表达式中只有 AND（或 OR、XOR 等），可以不加括号，因为对于这 3 种逻辑运算来说，改变运算顺序不会影响逻辑结果。

例如：

```
q<=a AND b AND c AND d;
q<=a OR b OR c OR d;
q<=a XOR b XOR c XOR d;
```

这 3 条语句都是正确的表达式。

而以下两个语句在语法上是错误的:

```
q<=a AND b NAND c AND d;
q<=a NOR b OR c NOR d;
```

（2）关系运算符。VHDL 有 6 种关系运算符，是将两个相同类型的操作数进行数值相等比较或大小比较，要求这些关系运算符两边的数据类型必须相同，其运算结果为 BOOLEAN 类型，即表达式成立结果为“true”、不成立结果为“false”。这 6 种运算符的优先级相同，仅高于逻辑运算符（除 NOT 外）。

例如:

```
SIGNAL a: BIT_VECTOR （3 DOWNTO 0）;
SIGNAL b: BIT_VECTOR （2 DOWNTO 0）;
a<="1010";
b<="111";
IF （a>b） THEN
.
END IF;
```

此例中由于位矢量从左至右按位比较，则 a<b，与实际不符，不会执行 IF 语句。

运算符=和/=适用于所有已经定义过的数据类型；其他 4 种关系运算符则适用于整数、实数、BIT 和 STD_LOGIC 等类型。另外<=符号有两种含义（小于或等于运算符以及信号赋值符），在阅读源代码时要根据上下文判断具体的意义。

例如:

```
IF  A<=B  THEN A<=B;
```

此时前一个“<=”是关系比较，而后一个是赋值。

（3）移位运算符。移位运算符是 VHDL’94 新增的运算符，其中 SLL（逻辑左移）和 SRL（逻辑右移）是逻辑移位，SLA（算术左移）和 SRA（算术右移）是算术移位，ROL（循环左移）和 ROR（循环右移）是循环移位。逻辑移位用 0 填补移空的位。算术移位把首位看做符号位，移位时保持符号不变，因此移空的位用最初的首位来填补。循环移位是用移出的位依次填补移空位。移位运算都是双目运算符，只定义在一维数组上，左操作数（移位数据）必须是 BIT 和 BOOLEAN 型，右操作数（移动位数）必须是整数类型。这 6 种运算符的优先级相同，仅高于关系运算符。

例如:

```
"10011011" SLL 1="00110110";        -- 逻辑左移 1 位，移空位用 0 填补
"110110101" SLA 1 = "101101011";    -- 算术左移 1 位，移空位用符号位 1 填补
"10011011" ROL 2 ="01101110";       -- 循环左移 2 位，移出的 10 依次补在数尾
```

（4）符号运算符。+（正号）、-（负号）与日常量值运算相同，主要用于浮点和物理类型运算。物理类型常用做测试单元，表示时间、电压及电流等物理量，可以视为与物理单位有关的整数，能方便地表示、分析和校验量纲，物理类型只对仿真有意义而对于综合无意义。

符号运算符为单目运算符，优先级高于加、减和连接运算符，低于乘、除运算符。

（5）连接运算符。连接运算符也称为并置运算符，只有一种符号，用“&”表示，用于

位和向量的连接，就是将运算符右边的内容接在左边的内容之后形成一个新的数组。例如："VHDL" & "94" 的结果为 "VHDL94"。其优先级与加、减运算符相同，高于移位运算符，低于符号运算符。

例如：

```
    SIGNAL a,b,c,d : BIT;
    SIGNAL sel : BIT _VECTOR (3 DOWNTO 0) ;
    sel<=a & b & c & d;
等同于:          sel (3) <=a;
                 sel (2) <=b;
                 sel (1) <=c;
                 sel (0) <=d;
```

（6）算术运算符。算术运算符中，单目运算（ABS、**）的操作数可以是任何数据类型，+（加）、-（减）的操作数为整数类型，*（乘）、/（除）的操作数可以为整数或实数。物理量（如时间等）可以被整数（或实数）相乘（或相除），其运算结果仍为物理量。MOD（取模）和 REM（取余）只能用于整数类型。MOD 和 REM 运算的区别是符号不同，如果有两个操作数 a 和 b，表达式“a REM b”的符号与 a 相同；表达式“a MOD b”的符号与 b 相同。例如，7 REM-2=1，-7 REM 2= -1，-7 MOD 2= 1，7 MOD-2= -1 。运算符*、/、MOD、REM 的优先级相同，高于符号运算符，低于 NOT、ABS 和**运算符。

ABS（取绝对值）运算符可用于任何数据类型，**（二次方）运算符的左操作数可以是整数或实数，右操作数必须是整数，并且只有在左操作数为实数时，其右操作数才可以是负整数。

2）操作数

操作数是运算符进行运算时所需的数据，操作数将其数值传递给运算符进行运算。操作数种类有多种，最简单的操作数可以是一个数字，或者是一个标识符，如一个变量或信号的名称。操作数本身可以是一个表达式，通过圆括号将表达式括起来从而建立一个表达式操作数。但要注意，并不是所有的运算符都能使用所给出的各种操作数，操作数类型必须是运算符支持的类型。操作数的类型有常量、变量、信号、表达式、函数、文件等。

4.2 全加器逻辑功能分析

算术运算电路是数字系统和计算机中不可缺少的单元电路。两个二进制数之间的加、减、乘、除四种算术运算，目前在数字计算机中都是转化为加法运算实现的，因此加法器是构成算术运算电路的基本单元。

4.2.1 全加器的逻辑功能

考虑低位来的进位，将两个 1 位二进制数相加的运算称为全加，实现全加运算功能的电路叫全加器。1 位全加器的真值表见表 4-3。

表 4-3 1 位全加器的真值表

A_i	B_i	C_{i-1}	S_i	C_i
0	0	0	0	0
0	0	1	1	0
0	1	0	1	0
0	1	1	0	1
1	0	0	1	0
1	0	1	0	1
1	1	0	0	1
1	1	1	1	1

表 4-3 中，A_i、B_i 表示本位的两个加数，C_{i-1} 表示低位来的进位，S_i 和 C_i 分别表示相加的和及向相邻高位的进位。

由表 4-3 可得出相应的逻辑函数式为

$$\begin{cases} S_i = \overline{\overline{A_i}\,\overline{B_i}\,\overline{C_{i-1}} + \overline{A_i}B_iC_{i-1} + A_i\overline{B_i}C_{i-1} + A_iB_i\overline{C_{i-1}}} \\ C_i = \overline{\overline{A_i}\,\overline{B_i}\,\overline{C_{i-1}} + \overline{A_i}\,\overline{B_i}C_{i-1} + \overline{A_i}B_i\overline{C_{i-1}} + A_i\overline{B_i}\,\overline{C_{i-1}}} \end{cases} \quad (4.1)$$

化简得：

$$\begin{cases} S_i = \overline{\overline{A_i}\,\overline{B_i}\,\overline{C_{i-1}} + \overline{A_i}B_iC_{i-1} + A_i\overline{B_i}C_{i-1} + A_iB_i\overline{C_{i-1}}} \\ C_i = \overline{\overline{A_i}\,\overline{C_{i-1}} + \overline{A_i}\,\overline{B_i} + \overline{B_i}\,\overline{C_{i-1}}} \end{cases} \quad (4.2)$$

根据式（4.2）画逻辑图如图 4-1 所示。

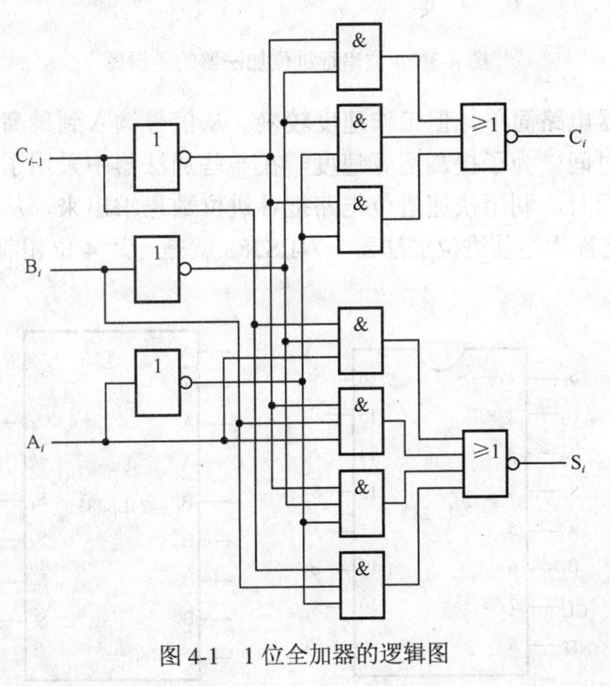

图 4-1 1 位全加器的逻辑图

1 位全加器的逻辑符号如图 4-2 所示。

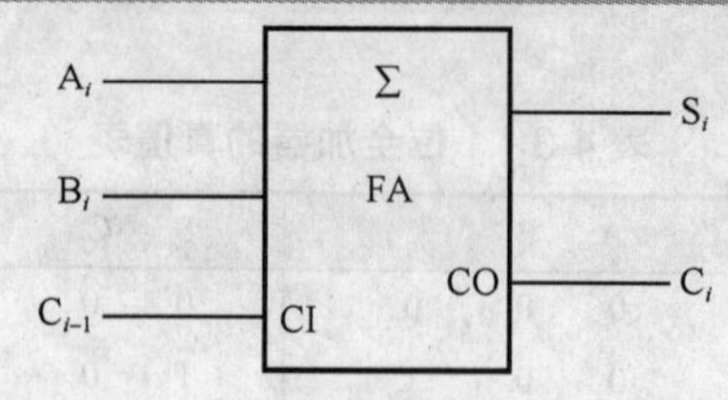

图 4-2　1 位全加器的逻辑符号

4.2.2　全加器的扩展及应用

1. 全加器的扩展

用 n 个 1 位全加器可构成一个 n 位加法器。图 4-3 所示是一个 4 位加法器的逻辑图。若令低位全加器进位输入端 $C_0=0$，则可以直接实现 4 位二进制数的加法运算。这种全加器的任意一位的加法运算都必须等到低位加法完成送来进位时才能进行，这种进位方式称为串行进位。

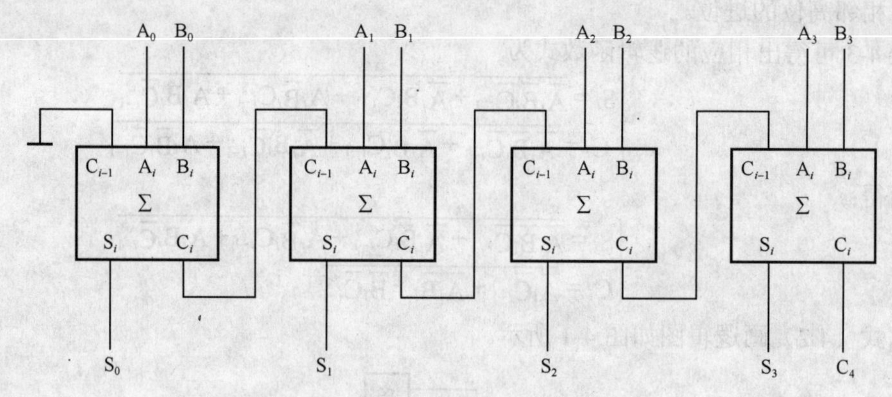

图 4-3　4 位串行进位加法器的逻辑图

串行进位加法器电路简单，但工作速度较慢。从信号输入到最高位和数的输出，需要四级全加器的传输时间。为了提高运算速度，在一些加法器中采用了超前进位的方法。它们在进行加运算的同时，利用快速进位电路把各进位数也求出来，从而加快了运算速度。具有这种功能的电路称为超前进位加法器。74LS283 就是一片 4 位超前进位加法器，其符号如图 4-4 所示。

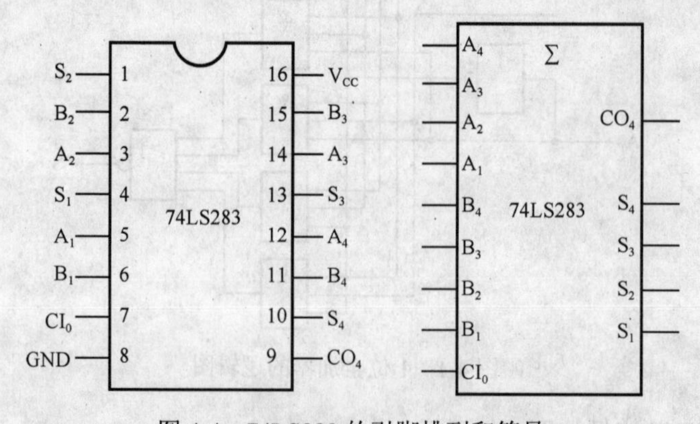

图 4-4　74LS283 的引脚排列和符号

2．加法器的应用

加法器在数字系统中应用很广泛，不仅可以实现加、减运算，还可以用来设计代码转换电路。下面介绍加法器的几种应用。

1）二进制并行加法/减法器

加法器也可以实现减法运算，用被减数加上减数的补码即可。由 4 位超前进位加法器 74LS283 构成的二进制并行加法/减法器如图 4-5 所示。

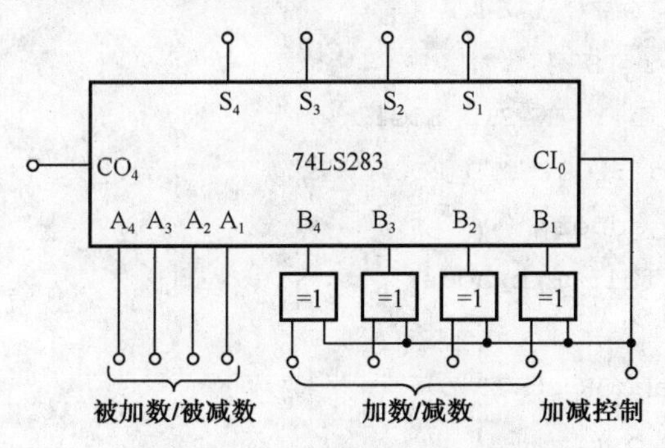

图 4-5 二进制并行加法/减法器

图 4-5 所示的二进制并行加法/减法器的工作原理为：当 CI_0=0 时，$B\oplus 0=B$，该电路实现 A+B 加法运算；当 CI_0=1 时，$B\oplus 0=\overline{B}$，该电路实现 A+$\overline{B}$ 即 A−B 减法运算。

2）8421-BCD 码转换成余 3 码电路

由于在 8421-BCD 码的基础上加上 0011，就可以得到余 3 码，所以可以利用加法器实现代码转换电路。由 4 位超前进位加法器 74LS283 构成的将 8421-BCD 码转换成余 3 码的电路如图 4-6 所示。

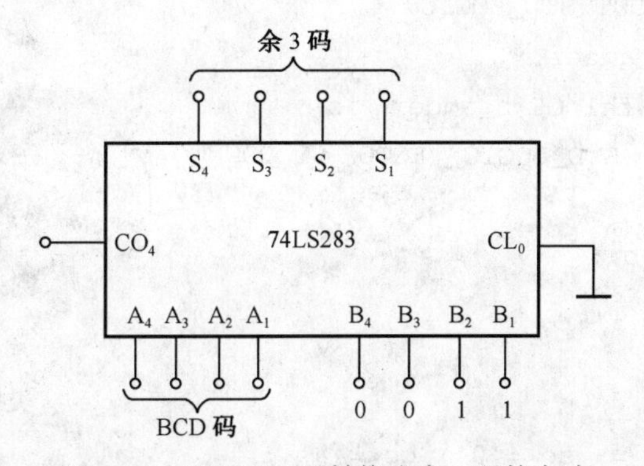

图 4-6 8421-BCD 码转换成余 3 码的电路

图 4-6 中，在 74LS283 的输入端 $A_4A_3A_2A_1$ 输入 BCD 码，在 74LS283 的另一个输入端 $B_4B_3B_2B_1$ 输入 0011，令 CI_0=0，这样就可以在 74LS283 的输出端 $S_4S_3S_2S_1$ 得到余 3 码。

4.3 半加器的 VHDL 语言设计

不考虑高位低位进位关系的 1 位加法器称为半加器。而 1 位全加器是可以在半加器基本上修改完成的。因此，这次设计先从半加器入手。

4.3.1 半加器与或门描述

半加器和或门可以有多种表达方式。

实例 4-1 半加器描述（1）：布尔方程描述方法。

```
LIBRARY  IEEE;
USE IEEE.STD_LOGIC_1164.ALL;
ENTITY h_adder IS
  PORT (   a, b : IN STD_LOGIC;
         co, so : OUT STD_LOGIC) ;
END ENTITY  h_adder;
ARCHITECTURE fh1 OF h_adder  is
BEGIN
  so <= NOT (a XOR  (NOT b))  ;
  co <= a AND b ;
END ARCHITECTURE fh1;
```

实例 4-2 半加器描述（2）：真值表描述方法。

```
LIBRARY  IEEE;
USE IEEE.STD_LOGIC_1164.ALL;
ENTITY h_adder IS
PORT (a, b : IN STD_LOGIC;
    co, so : OUT STD_LOGIC) ;
END ENTITY h_adder;
ARCHITECTURE fh1 OF h_adder  is
 SIGNAL abc : STD_LOGIC_VECTOR (1 DOWNTO 0) ;-- 定义标准逻辑位矢量数据类型
BEGIN
  abc <= a & b ;                                   -- a与b并置操作
 PROCESS (abc)
  BEGIN
   CASE abc IS                                     -- 类似于真值表的CASE语句
    WHEN "00" => so<='0'; co<='0' ;
    WHEN "01" => so<='1'; co<='0' ;
    WHEN "10" => so<='1'; co<='0' ;
    WHEN "11" => so<='0'; co<='1' ;
    WHEN OTHERS => NULL ;
   END CASE;
 END PROCESS;
END ARCHITECTURE fh1 ;
```

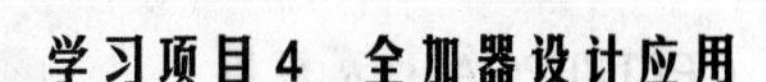

实例 4-1 是根据图 4-7 所示电路原理图写出的，是用并行赋值语句表达的。实例 4-2 的表达方式与半加器的逻辑真值表（如图 4-7 所示）相似。双横线“--”是注释符，在 VHDL 程序的任何一行中，双横线“--”后的文字都不参加编译和综合。

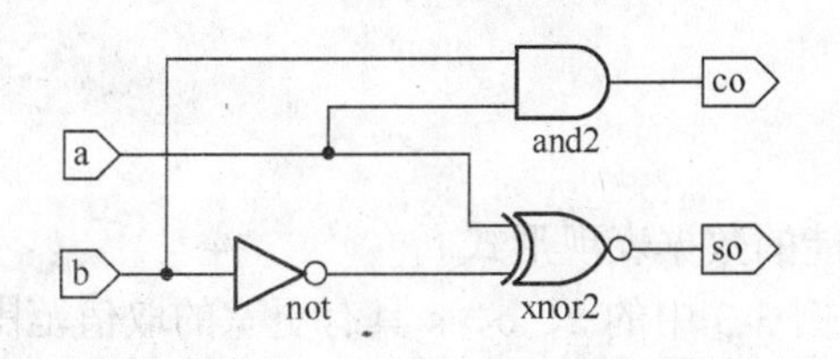

a	b	so	co
0	0	0	0
0	1	1	0
1	0	1	0
1	1	0	1

图 4-7　半加器 h_adder 电路图及其真值表

实例 4-3　或门逻辑描述。

```
LIBRARY  IEEE ;
USE IEEE.STD_LOGIC_1164.ALL;
ENTITY or2a IS
  PORT (a, b :IN STD_LOGIC;
          c : OUT STD_LOGIC ) ;
END ENTITY or2a;
ARCHITECTURE one OF or2a IS
  BEGIN
  c <= a OR b;
END ARCHITECTURE one ;
```

实例 4-3 是或门描述，直接用了 OR 或者的关系符。

4.3.2　半加器与或门的语言现象说明

下面将对实例 4-1 至实例 4-3 中出现的相关语句结构和语法含义进行说明。

1．标准逻辑位数据类型 STD_LOGIC

从实例 4-1 可见，半加器的输入、输出都被定义为 STD_LOGIC（实例 3-3 中，端口信号的数据类型被定义为 BIT）。就数字系统设计来说，类型 STD_LOGIC 比 BIT 包含的内容丰富和完整得多，当然也包含了 BIT 类型。试比较以下 STD_LOGIC 和 BIT 两种数据类型的程序包定义表式（其中 TYPE 是数据类型定义语句）。

BIT 数据类型定义：

```
TYPE BIT IS ('0','1') ;  --只有两种取值
```

STD_LOGIC 数据类型定义：

```
TYPE STD_LOGIC IS ('U','X','0','1','Z','W','L','H','-') ;
```

STD_LOGIC 所定义的 9 种数据的含义如下：

（1）'U'——未初始化的；

（2）'X'——强未知的；

（3）'0'——强逻辑 0；

（4）'1'——强逻辑 1；

（5）'Z'——高阻态；

（6）'W'——弱未知的；

（7）'L'——弱逻辑 0；

（8）'H'——弱逻辑 1；

（9）'—'——忽略 。

它们完整地概括了数字系统中所有可能的数据表现形式。

所以实例 4-1 中的 a、b、so、co 比实例 3-3 中的 a、b、s 具有更宽的取值范围，因而其描述与实际电路有更好的适应性。

在仿真和综合中，将信号或其他数据对象定义为 STD_LOGIC 数据类型是非常重要的，它可以使设计者精确地模拟一些未知的和具有高阻态的线路情况。对于综合器，高阻态'Z'和'-'忽略态（有的综合器用'X'）可用于三态的描述。STD_LOGIC 型数据在数字器件中实现的只有其中的 4～5 种值，即'X'（或/和'-'）、'0'、'1'和'Z'，其他类型通常不可综合。

注意：此例中给出的 STD_LOGIC 数据类型的定义主要是借以学习一种新的语法现象，还是可以把它们全定义为 BIT 类型。而 D 触发器等时序电路必须使用这类数据类型。

2．设计库和标准程序包

有许多数据类型的说明，以及类似的函数是预先放在 VHDL 综合器附带的设计库和程序包中的。例如，BIT 数据类型的定义是包含在 VHDL 标准程序包 STANDARD 中的，而程序包 STANDARD 包含于 VHDL 标准库 STD 中。一般，为了使用 BIT 数据类型，应该在实例 3-3 的程序上面增加如下 3 句说明语句：

```
LIBRARY  WORK ;
LIBRARY  STD ;
USE STD.STANDARD.ALL ;
```

第 2 句中的“LIBRARY”是关键词，“LIBRARY STD”表示打开 STD 库；第 3 句的“USE”和“ALL”是关键词，全句表示允许使用 STD 库中 STANDARD 程序包中的所有内容（.ALL），如类型定义、函数、过程、常量等。

此外，由于要求 VHDL 设计文件保存在某一文件夹，如 d:\myfile 中，并指定为工程 PROJECT 的文件所在的目录，VHDL 工具就将此路径指定的文件夹默认为工作库（WORK LIBRARY），于是在 VHDL 程序前面还应该增加“LIBRARY WORK;”语句，VHDL 工具才能调用此路径中相关的元件和程序包。

但是由于 VHDL 标准中规定标准库 STD 和工作库 WORK 都是默认打开的，所以就可以像实例 3-3 那样，不必将上述库和程序包的使用语句以显式表达在 VHDL 程序中。

使用库和程序包的一般定义表式是：

```
LIBRARY  <设计库名>;
USE  < 设计库名>.<程序包名>.ALL ;
```

STD_LOGIC 数据类型定义在被称为“STD_LOGIC_1164”的程序包中，此包由 IEEE 定义，而且此程序包所在的程序库的库名被命名为“IEEE”。由于 IEEE 库不属于 VHDL 标准库，所以在使用其库中内容前，必须事先给予声明，即如实例 4-1 最上面的两句：

```
LIBRARY  IEEE ;
USE  IEEE.STD_LOGIC_1164.ALL ;
```

正是出于需要定义端口信号的数据类型为 STD_LOGIC 的目的，当然也可以定义为 BIT 类型或其他数据类型，但一般应用中推荐定义 STD_LOGIC 类型。

表 4-4　程序包的功能

包集合及其包含的函数	功　能
STD_LOGIC_1164	由 BIT_VECTOR 转换为 STD_LOGIC_VECTOR 由 STD_LOGIC_VECTOR 转换为 BIT_VECTOR 由 BIT 转换为 STD_LOGIC 由 STD_LOGIC 转换为 BIT
STD_LOGIC_ARITH	由 INTEGER、UNSIGNED、SIGNED 转换为 STD_LOGIC_VECTOR 由 UNSIGNED、SIGNED 转换为 INTEGER
STD_LOGIC_UNSIGNED	由 STD-LOGIC_VECTOR 转换为 INTEGER

3. 标准逻辑矢量数据类型

标准逻辑矢量数据类型 STD_LOGIC_VECTOR 与 STD_LOGIC 一样，都定义在 STD_LOGIC_1164 程序包中，但 STD_LOGIC 属于标准位类型，而 STD_LOGIC_VECTOR 被定义为标准一维数组。数组中的每一个元素的数据类型都是标准逻辑位 STD_LOGIC。使用 STD_LOGIC_VECTOR 可以表达电路中并列的多通道端口或节点，或者总线 BUS。

在使用 STD_LOGIC_VECTOR 时，必须注明其数组宽度，即位宽，如：

```
B : OUT  STD_LOGIC_VECTOR（7 DOWNTO 0） ;
```

或

```
SIGNAL A : STD_LOGIC_VECTOR（1 TO 4）
```

上句表明标识符 B 的数据类型被定义为一个具有 8 位位宽的矢量或总线端口信号，它的最左位，即最高位是 B（7），通过数组元素排列指示关键词“DOWNTO”向右依次递减为 B（6）、B（5）、…、B（0）。根据以上两式的定义，A 和 B 的赋值方式如下：

```
B <= "01100010" ;              -- B（7）为 '0'
B（4 DOWNTO 1） <= "1101" ;     -- B（4）为 '1'
B（7 DOWNTO 4） <= A ;          -- B（6）等于 A（2）
```

其中的 "01100010" 表示二进制数（矢量位），必须加双引号，如 "01"；而单一二进制数则用单引号，如'1'。

语句“SIGNAL A：STD_LOGIC_VECTOR（1 TO 4）”中的 A 的数据类型被定义为 4 位位宽总线，数据对象是信号 SIGNAL，其最左位是 A（1）。通过关键词“TO”向右依次递增为 A（2）、A（3）和 A（4）。

与 STD_LOGIC_VECTOR 对应的是 BIT_VECTOR 位矢量数据类型，其每一个元素的数据类型都是逻辑位 BIT，使用方法与 STD_LOGIC_VECTOR 相同，如：

```
SIGNAL C : BIT_VECTOR（3 DOWNTO 0);
```

实例 4-2 中的内部信号被定义为二元素的 STD_LOGIC_VECTOR 数据类型，高位是 abc（1），低位是 abc（0）。

4．并置操作符 &

实例 4-2 中的操作符 “&” 表示将操作数（如逻辑位 '1' 或 '0' ）或数组合并起来形成新的数组。例如，“VH” & “DL” 的结果为 “VHDL”；'0' & '1' & '1'的结果为 “011”。

显然，语句 “abc <= a & b” 的作用是令：abc（1）<= a；abc（0）<= b。

因此，利用并置符，可以有多种方式来建立新的数组，如可以将一个单元素并置于一个数的左端或右端形成更长的数组，或将两个数组并置成一个新数组等，在实际运算过程中，要注意并置操作前后的数组长度应一致。以下是一些并置操作示例：

```
SIGNAL a : STD_LOGIC_VECTOR （3 DOWNTO 0） ;
SIGNAL d : STD_LOGIC_VECTOR （1 DOWNTO 0） ;
...
a  <= '1' & '0' & d（1） & '1'  ;   -- 元素与元素并置，并置后的数组长度为 4
...
IF a & d = "101011"  THEN ... -- 在 IF 条件句中可以使用并置符
```

5．CASE 语句

CASE 语句属于顺序语句，因此必须放在进程语句中使用。CASE 语句的一般表述如下：

```
CASE <表达式> IS
    When <选择值或标识符> => <顺序语句>; ... ; <顺序语句>;
    When <选择值或标识符> => <顺序语句>; ... ; <顺序语句>;
    ...
    WHEN OTHERS => <顺序语句>;
END CASE ;
```

当执行到 CASE 语句时，首先计算<表达式> 的值，然后根据 WHEN 条件句中与之相同的<选择值或标识符>，执行对应的<顺序语句>，最后结束 CASE 语句。

条件句中的 “=>” 不是操作符，它的含义相当于 THEN（或 “于是”）。CASE 语句使用中应该注意以下三点。

第一，WHEN 条件句中的选择值或标识符所代表的值必须在表达式的取值范围内。

WHEN 条件表达式可以表示成 4 种形式：

（1）WHEN　值=>顺序处理语句　　　　（用于单个值的或关系）
（2）WHEN　值|值|…|值=>顺序处理语句　　　　（用于多个值的或关系）
（3）WHEN　值 TO 值=>顺序处理语句　　　　（用于某个范围的值）
（4）WHEN　OTHERS=>顺序处理语句　　　　（用于其他所有的默认值）

例如：

```
SIGNAL  A:INTEGER  RANGE  1 TO 10
CASE  A  IS
    WHEN  1=> B<=A;
```

```
      WHEN  2|3|4=> C<=A;
      WHEN  5 TO 8=> D<=A;
      WHEN  OTHERS=> NULL;
   END CASE;
```

除非所有条件句中的选择值能完整覆盖 CASE 语句中表达式的取值，否则最后一个条件句中的选择必须加上最后一句：

```
WHEN OTHERS => <顺序语句>;
```

关键词“OTHERS”表示以上已列的所有条件句中未能列出的其他可能的取值。“OTHERS”只能出现一次，且只能作为最后一种条件取值。使用“OTHERS”的目的是为了使条件句中的所有选择值能涵盖表达式的所有取值，以免综合器会插入不必要的锁存器。

关键词“NULL”表示不进行任何操作。

第二，CASE 语句中的选择值只能出现一次，不允许有相同选择值的条件语句出现。

第三，CASE 语句执行中必须选中，且只能选中所列条件语句中的一条。

实例 4-2 中的 CASE 语句的功能是：当 CASE 语句的表达式 abc 由输入信号 a 和 b 分别获得'0'和'0'时，即当 abc="00"时，so 输出'0'，即 so<='0'，co 输出'0'，即 co<='0'；当 abc="01"时，so 输出'1'；co 输出'0'，以此类推。最后一句“WHEN OTHERS => NULL”的意义则为当 abc 为"00"、"01"、"10"、"11"以外的取值时，执行空语句，即什么都不做，结束 CASE 语句。

4.4 全加器 VHDL 语言设计

如图 4-8 所示，1 位全加器可以由两个半加器和一个或门连接而成，因而可用前一节中半加器和或门的 VHDL 描述，然后根据图 4-8 写出全加器的顶层 VHDL 描述。

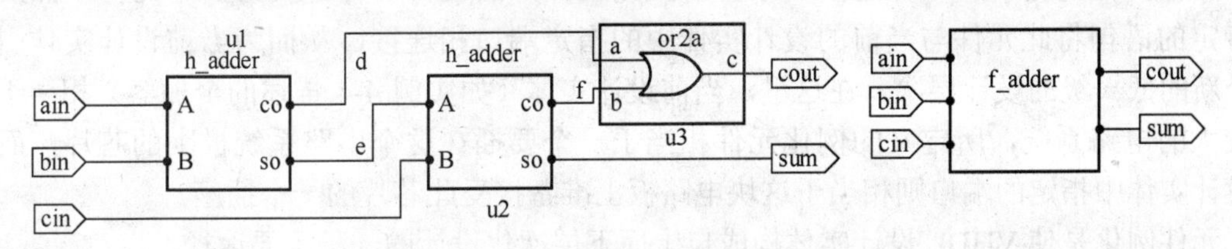

图 4-8　全加器 f_adder 电路图及其实体模块

4.4.1 全加器描述

实例 4-4　1 位二进制全加器顶层设计描述。

```
   LIBRARY  IEEE;
   USE IEEE.STD_LOGIC_1164.ALL;
   ENTITY f_adder IS
     PORT (ain, bin, cin  : IN STD_LOGIC;
               cout, sum : OUT STD_LOGIC );
   END ENTITY f_adder;
```

```
ARCHITECTURE fd1 OF f_adder IS
  COMPONENT h_adder                                    --调用半加器声明语句
    PORT (  a, b :  IN STD_LOGIC;
         co, so :  OUT STD_LOGIC) ;
  END COMPONENT ;
  COMPONENT or2a
     PORT (a, b : IN STD_LOGIC;
         c : OUT STD_LOGIC) ;
  END COMPONENT;
SIGNAL d, e, f  :  STD_LOGIC;        --定义 3 个信号作为内部的连接线
 BEGIN
  u1 : h_adder PORT MAP (a=>ain, b=>bin, co=>d, so=>e) ;   --例化语句
  u2 : h_adder PORT MAP (a=>e,   b=>cin, co=>f, so=>sum) ;
  u3 : or2a  PORT MAP (a=>d,   b=>f,   c=>cout) ;
END ARCHITECTURE fd1;
```

4.4.2 全加器的语言现象说明

下面将对实例 4-4 中出现的相关语句结构和语法含义进行说明。

为了达到连接底层元件形成更高层次的电路设计结构，文件中使用了例化语句。文件在实体中首先定义了全加器顶层设计元件的端口信号，然后在“ARCHITECTURE”和“BEGIN”之间利用 COMPONENT 语句对准备调用的元件（或门和半加器）做了声明，并定义了 d、e、f 三个信号作为器件内部的连接线（如图 4-8 所示）。最后利用端口映射语句“PORT MAP（）”将两个半加器和一个或门连接起来构成一个完整的全加器。

元件例化就是引入一种连接关系，将预先设计好的设计实体定义为一个元件，然后利用特定的语句将此元件与当前的设计实体中的指定端口相连接，从而为当前设计实体引进一个新的低一级的设计层次。在这里，当前设计实体（如实例 4-4 描述的全加器）相当于一个较大的电路系统，所定义的例化元件相当于一个要插在这个电路系统板上的芯片，而当前设计实体中指定的端口则相当于这块电路板上准备接受此芯片的一个插座。

元件例化是使 VHDL 设计实体构成自上而下层次化设计的一种重要途径。

元件例化是可以多层次的，一个调用了较低层次元件的顶层设计实体本身也可以被更高层次设计实体所调用，成为该设计实体中的一个元件。任何一个被例化语句声明并调用的设计实体都可以以不同的形式出现。它可以是一个设计好的 VHDL 设计文件（即一个设计实体），可以是来自 FPGA 元件库中的元件或是 FPGA 中器件中的嵌入式元件功能块，或是以别的硬件描述语言，如 AHDL 或 Verilog 设计的元件，还可以是 IP 核。

元件例化语句由两部分组成，第一部分是对一个现成的设计实体定义为一个元件，语句的功能是对待调用的元件作出调用声明，它的最简表达式如下：

```
COMPONENT 元件名 IS
    PORT  (端口名表);
```

```
        END COMPONENT 文件名;
```

这一部分可以称为元件定义语句，相当于对一个现成的设计实体进行封装，使其只留出对外的接口界面。就像一个集成芯片只留几个引脚在外一样，端口名表需要列出该元件对外通信的各端口名。命名方式与实体中的“PORT（）”语句一致。元件定义语句必须放在结构体的“ARCHITECTURE”和“BEGIN”之间。

注意：尽管实例 4-4 中对或门和半加器的调用声明的端口说明中使用了与原来元件（VHDL 描述）相同的端口符号，但这并非唯一的表达方式，如可以做如下表达（注意，数据类型的定义则必须与原文件一致）：

```
COMPONENT h_adder
    PORT ( c, d : IN STD_LOGIC;
           e, f : OUT STD_LOGIC) ;
    END COMPONENT h_adder ;
```

元件例化语句的第二部分则是此元件与当前设计实体（顶层文件）中元件间及端口的连接说明。语句的表达式如下：

```
例化名: 元件名 PORT MAP ( [端口名 =>] 连接端口名,...) ;
```

其中的例化名是必须存在的，它类似于标在当前系统（电路板）中的一个插座名，而元件名则是准备在此插座上插入的、已定义好的元件名，即为待调用的 VHDL 设计实体的实体名，对应于实例 4-4 中的元件名“h_adder”和“or2a”，其例化名分别为“u1”、“u2”和“u3”。

PORT MAP 是端口映射的意思，或者说端口连接。其中的“端口名”是在元件定义语句中的端口名表中已定义好的元件端口的名字，或者说是顶层文件中待连接的各个元件本身的端口名；“连接端口名”则是顶层系统中，准备与接入的元件的端口相连的通信线名，或者是顶层系统的端口名。

以实例 4-4 中的例化名为“u1”的端口映射语句为例，其中“a=>ain”表示元件 h_adder 的内部端口信号 a（端口名）与系统的外部端口名 ain 相连；“co=>d”则表示元件 h_adder 的内部端口信号 co（端口名）与元件外部的连线 d（定义在内部的信号线）相连，如此等等。

注意：这里的符号“=>”是连接符号，其左边放置内部元件的端口名，右边放置内部元件以外需要连接的端口名或信号名。这种位置排列方式是固定的，但连接表达式（如“co=>d”）在“PORT MAP”语句中的位置是任意的。

在实例 4-3 中，将一个简单的或门用一个完整的文件描述出来，主要是借此说明多层次设计和元件例化的设计流程和方法。在实际设计中完全没有必要如此烦琐。

此外，在表示映射关系时，还有一种方法。实例 4-4 中用“u1 : h_adder PORT MAP（a=>ain，b=>bin，co=>d，so=>e）;”分别表示有 4 个连接。而另一种表示则是“u1: h_adder PORT MAP（ain，bin，d，e）;”。

在前面半加器的声明语句中：

```
COMPONENT h_adder
    PORT ( a, b : IN STD_LOGIC;
           co, so : OUT STD_LOGIC) ;
```

```
        END COMPONENT ;
```

可以看到半加器分别有 a、b、co、so 4 个端口，所以当依次写出 a、b、co、so 这 4 个端口连接到哪里时，就不用再加符号“=>”。但一定要注意，此时 ain、bin、d、e 的顺序一定要与 PORT 说明里 a、b、co、so 的顺序完全一致。

从本项目起，软件操作及硬件测试流程将不再介绍，可参见 3.4 节。

操作测试 4 全减器的 VHDL 设计

班级______________ 姓名______________ 学号______________

1. 实验目的

熟悉利用 Quartus II 的 VHDL 输入方法设计全减器，通过仿真过程分析电路功能。

2. 原理说明

1 位全减器可以由 1 位半减器 h_suber 构成，半减器的逻辑功能真值表见表 4-5。x 是被减数，y 是减数，diff 是输出差，s_out 是借位输出。

表 4-5 半减器逻辑功能真值表

x	y	diff	s_out
0	0	0	0
0	1	1	1
1	0	1	0
1	1	0	0

3. 实验任务 1

完成半减器的设计。

半减器程序清单

4．实验任务2

建立一个顶层程序，利用以上获得的 1 位半减器构成 1 位全减器，并完成编译、综合、适配和仿真。电路示意图如图 4-9 所示。

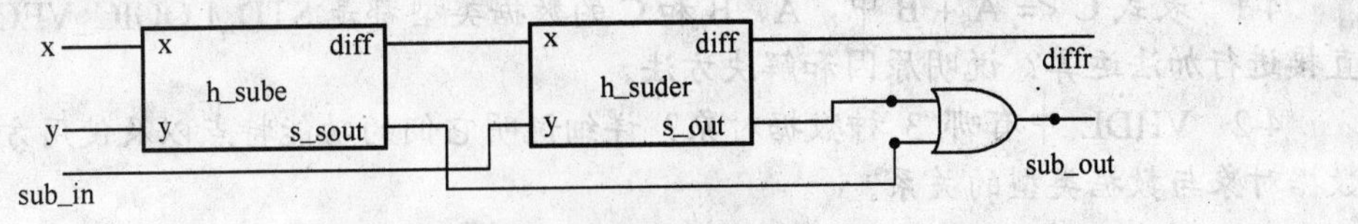

图 4-9　1 位全减器电路示意图

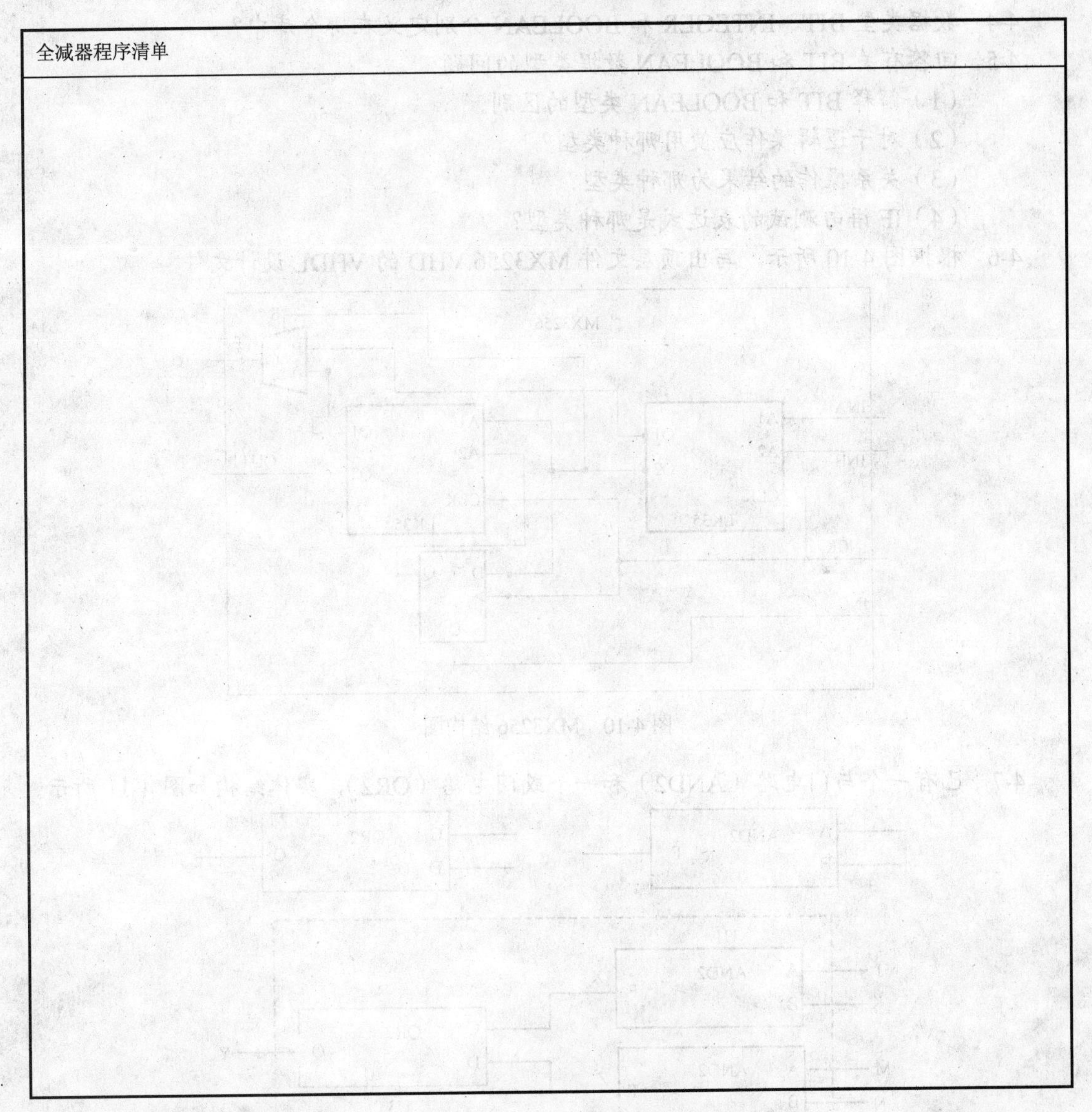

全减器程序清单

5．思考题

以 1 位全减器为基本硬件，构成串行借位的 8 位减法器，要求用例化语句来完成此项设计。

习 题 4

4-1 表式 C <= A + B 中，A、B 和 C 的数据类型都是 STD_LOGIC_VECTOR，是否能直接进行加法运算？说明原因和解决方法。

4-2 VHDL 中有哪 3 种数据对象？详细说明它们的功能特点以及使用方法，举例说明数据对象与数据类型的关系。

4-3 能把任意一种进制的值向一整数类型的数据对象赋值吗？如果能，怎样做？

4-4 数据类型 BIT、INTEGER 和 BOOLEAN 分别定义在哪个库中？

4-5 回答有关 BIT 和 BOOLEAN 数据类型的问题：

（1）解释 BIT 和 BOOLEAN 类型的区别。

（2）对于逻辑操作应使用哪种类型？

（3）关系操作的结果为哪种类型？

（4）IF 语句测试的表达式是哪种类型？

4-6 根据图 4-10 所示，写出顶层文件 MX3256.VHD 的 VHDL 设计文件。

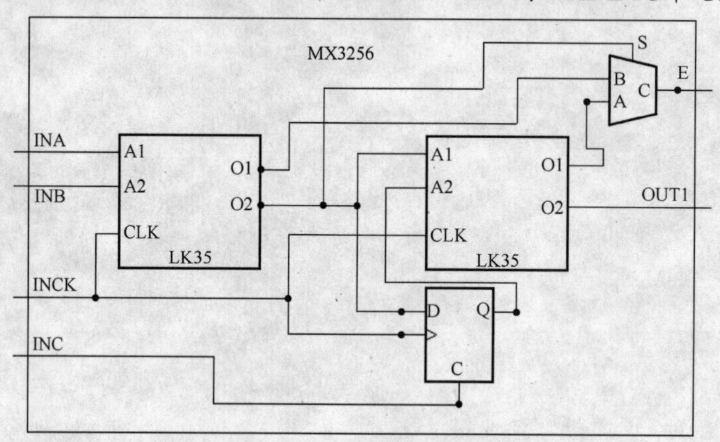

图 4-10 MX3256 结构图

4-7 已有一个与门电路（AND2）和一个或门电路（OR2），实体结构如图 4-11 所示。

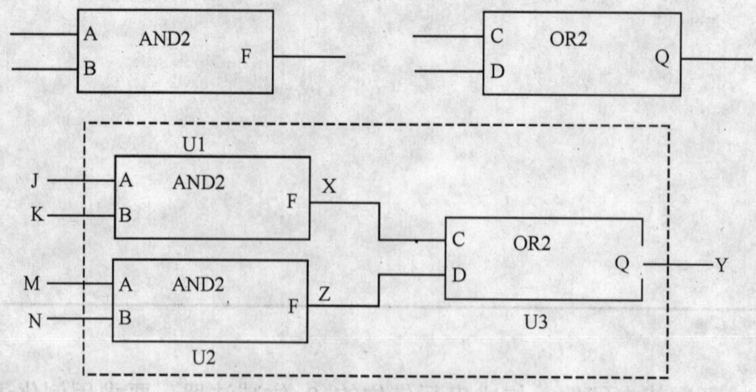

图 4-11 实体结构图

试用元件例化语句完成表达式 Y=JK+MN，电路名称为“abc.VHD”。

学习项目5 寄存器设计应用

教学导航5

理论知识	边沿描述语句、不完整条件语句、循环语句、生成语句		
技能	巩固前一学习项目中介绍的文本输入法操作方法，进一步熟悉层次化 VHDL 程序设计方法；最终完成各种寄存器应用项目		
活动设计	（1）寄存器应用分析　（2）时钟边沿的描述 （3）语法说明　（4）循环语句、生成语句 （5）几种不同类型寄存器设计及实现　（6）方案小结		
工作过程	**教学内容**	**教学方法**	**建议学时**
（1）相关背景知识	（1）触发器描述语句 （2）循环语句 （3）生成语句	讲授法 案例教学法	4
（2）寄存器应用分析、设计方案	（1）逻辑功能分析 （2）产品应用分析	小组讨论法 问题引导法	1
（3）寄存器实现	（1）编辑文件　（2）创建工程 （3）目标芯片配置　（4）编译 （5）仿真　（6）引脚设置与下载 （7）层次化设计	练习法 现场分析法	5
（4）应用水平测试	（1）总结项目实施过程中的问题和解决方法 （2）完成项目测试题，进行项目实施评价	问题引导法	2

5.1 寄存器逻辑功能分析

寄存器是用于存储一组二值信号的电路。一个触发器能够存储 1 位二值信号，所以 n 位寄存器由 n 个触发器构成。此外，为了便于控制信号的接收和清除，还需附加一些由门电路构成的控制电路。寄存器按照逻辑功能可分为基本寄存器和移位寄存器。

5.1.1 基本寄存器的逻辑功能

基本寄存器具有接收数码和清除原有数码的功能，在数字电路系统中，常用于暂时存放某些数据。常用的集成基本寄存器有双 2 位寄存器 74LS75、四 D 触发器 74LS175、六 D 触发器 74LS174、八 D 触发器 74LS374 和八 D 锁存器 74LS373 等。

1. 基本寄存器

如图 5-1 所示为双 2 位寄存器 74LS75 的逻辑图，该寄存器包含两个 2 位寄存器，每个 2 位寄存器都是由 2 个同步 D 触发器构成的。以第 1 个寄存器为例，当 CP_A=1 时，送到数据输入端 D_1、D_0 的数据被存入寄存器；当 CP_A=0 时，存入寄存器的数据将保持不变。由于该寄存器是由同步 D 触发器构成的，所以抗干扰能力比较差。

图 5-2 所示为 4 位寄存器 74LS175 的逻辑图，该寄存器由 4 个带异步置位、复位端的下降沿 D 触发器构成。该寄存器具有异步清零功能，当 $\overline{R}_D=0$ 时，触发器全部清零；当 $\overline{R}_D=1$ 时，CP 出现上升沿时，送到数据输入端 D_3、D_2、D_1、D_0 的数据被存入寄存器，实现送数功能。由于此寄存器是由边沿触发器构成的，所以其抗干扰能力很强。

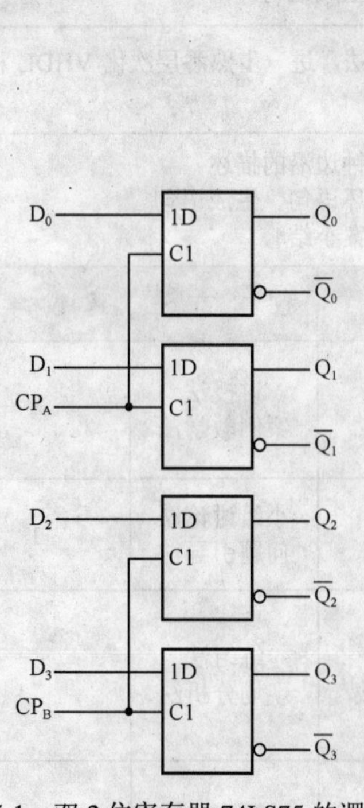

图 5-1 双 2 位寄存器 74LS75 的逻辑图

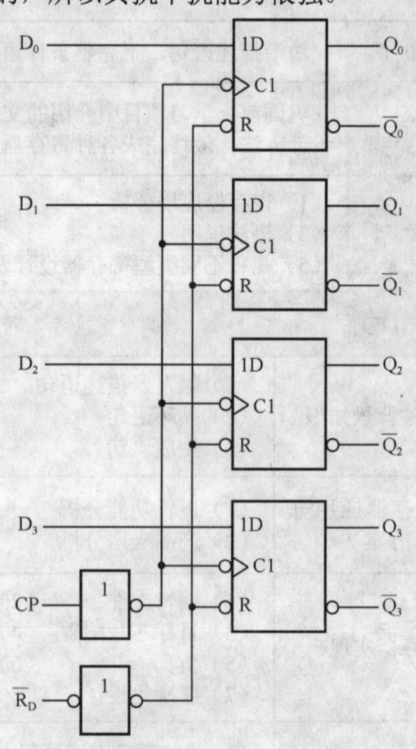

图 5-2 4 位寄存器 74LS175 的逻辑图

2. 移位寄存器

移位寄存器不仅具有存储的功能，而且还有移位功能。移位功能是指寄存器里存储的代码能在移位脉冲的作用下依次左移或右移，因此移位寄存器不仅可以用来存储数据，还可以用于实现数据的串-并行转换、数值的运算及数据处理。图 5-3 所示为 4 位移位寄存器的逻辑图，该寄存器是由 4 个上升沿 D 触发器构成的。

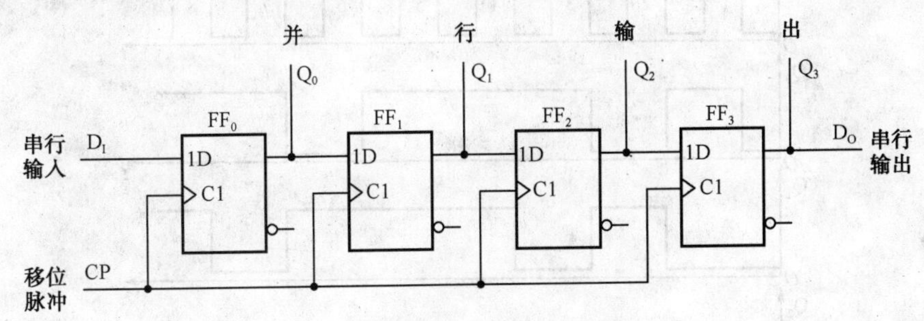

图 5-3 4 位移位寄存器的逻辑图

由于该寄存器是由上升沿 D 触发器构成的，上升沿 D 触发器的逻辑功能是 CP 出现上升沿时，触发器的次态随输入信号 D 值而改变。现在分析图 5-3 所示 4 位移位寄存器的逻辑功能。

1）写驱动方程

$$\begin{cases} D_O = D_I \\ D_1 = Q_0 \\ D_2 = Q_1 \\ D_3 = Q_2 \end{cases}$$

2）写状态方程

$$\begin{cases} Q_0^{n+1} = D_O = D_I \\ Q_1^{n+1} = D_1 = Q_0 \\ Q_2^{n+1} = D_2 = Q_1 \\ Q_3^{n+1} = D_3 = Q_2 \end{cases}$$

3）写输出方程：$D_O=Q_3$

由以上分析可以看出：Q_0 的次态取决于 CP 上升沿时刻的 D_I 值；Q_1 的次态取决于 CP 上升沿时刻的 Q_0 值；Q_2 的次态取决于 CP 上升沿时刻的 Q_1 值；Q_3 的次态取决于 CP 上升沿时刻的 Q_2 值。现假设串行信号输入端 D_I（经过 4 个 CP 周期，依次输入 1011），并设初态为 0，画出相应的电压波形图如图 5-4 所示。

由图 5-4 可以看出：串行数据 1011 经过 4 个 CP 周期，依次右移入 4 个触发器，并能够从 Q_3、Q_2、Q_1、Q_0 端得到并行输出，实现串行数据转换成并行数据。再经过 3 个 CP 周期，又可以在 Q_3 端依次得到相应的串行输出，从而实现并行数据转换成串行数据。

图 5-5 所示为 4 位双向移位寄存器 74LS194 的逻辑图，是由 4 个带异步复位端的下降沿 RS 触发器构成的 D 触发器构成，根据控制端 S_1、S_0 的 4 种不同取值，分别可以实现保

持、右移、左移和并行输入 4 种功能。

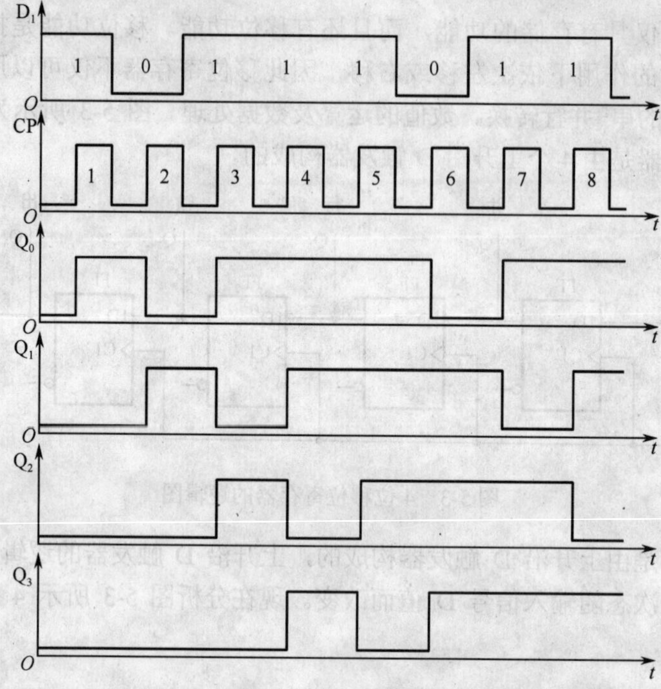

图 5-4　4 位移位寄存器的电压波形图

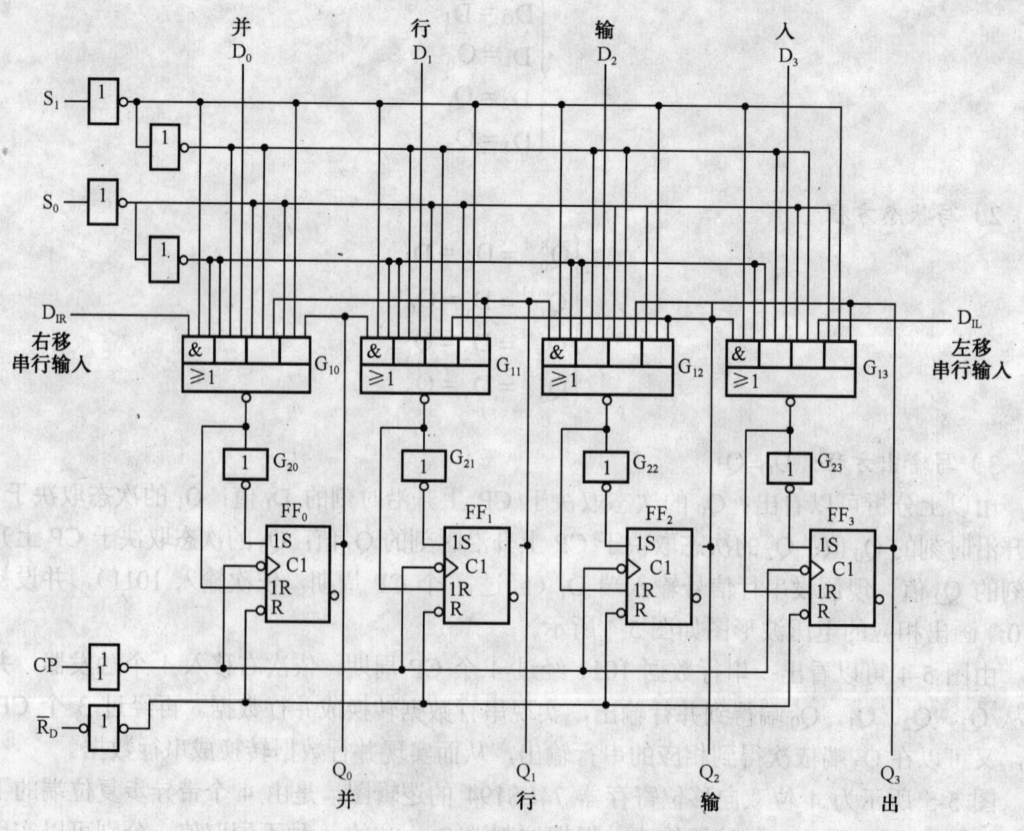

图 5-5　4 位双向移位寄存器 74LS194 的逻辑图

由图 5-5 可以看出：该双向移位寄存器有 1 个异步复位端$\overline{R}_D$，低电平有效；1 个时钟端 CP，上升沿有效；1 个左移串行数据输入端 D_{IL}；1 个右移串行数据输入端 D_{IR}；2 个控制端 S_1、S_0；4 个并行数据输入端 D_3、D_2、D_1、D_0；4 个状态输出端 Q_3、Q_2、Q_1、Q_0。其引脚排列图和符号如图 5-6 所示。

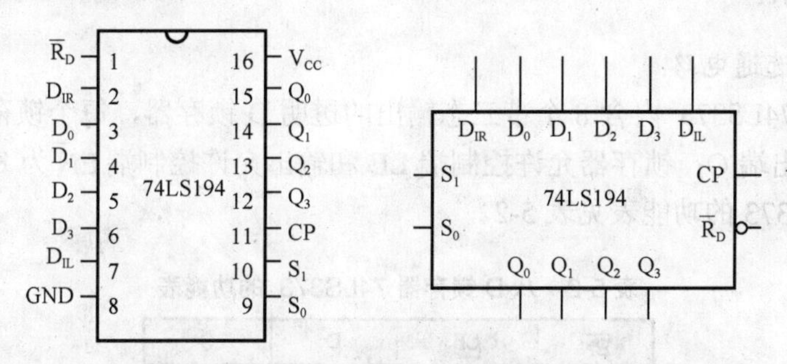

图 5-6　4 位双向移位寄存器 74LS194 的引脚排列图和符号

图 5-6 所示 4 位双向移位寄存器 74LS194 的功能表见表 5-1。

表 5-1　4 位双向移位寄存器 74LS194 的功能表

$\overline{R}_D$	S_1	S_0	工作状态
0	×	×	清零
1	0	0	保持
1	0	1	右移
1	1	0	左移
1	1	1	并行输入

5.1.2　寄存器的扩展及应用

1．寄存器的扩展

现用两片 4 位双向移位寄存器 74LS194 实现 1 个 8 位双向移位寄存器，其逻辑图如图 5-7 所示。

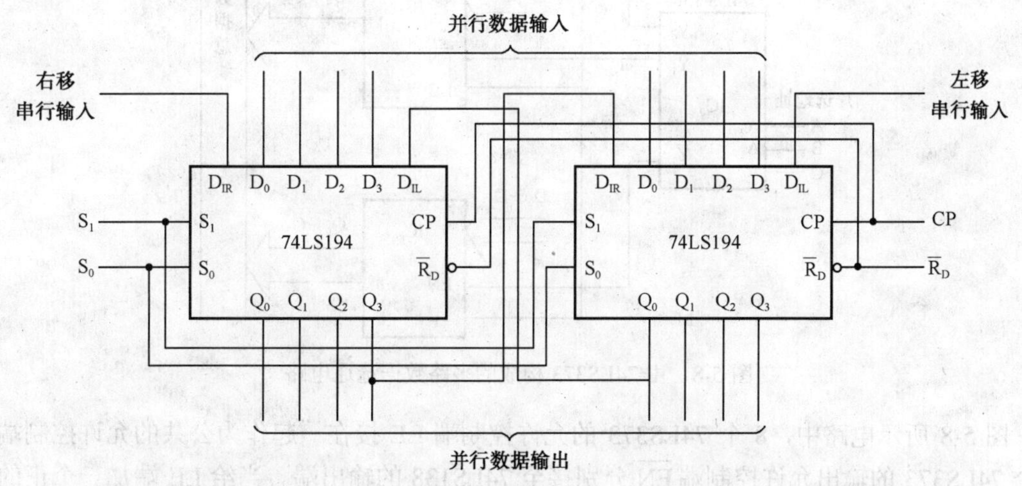

图 5-7　由两片 4 位双向移位寄存器 74LS194 实现的 8 位双向移位寄存器的逻辑图

2．寄存器的应用

寄存器在数字系统中应用非常广泛，常用于构成多路数据选通电路、发光二极管循环点亮/熄灭控制电路，实现数据的串-并行转换、数值的运算及数据处理等。下面简单介绍寄存器的几种应用。

1）多路数据选通电路

八 D 锁存器 74LS373 内含 8 个带三态输出的透明 D 锁存器，每个锁存器有一个数据输入端 D 和数据输出端 Q；锁存器允许控制端 LE 和输出允许控制端 $\overline{EN}$ 为 8 个锁存器共用。八 D 锁存器 74LS373 的功能表见表 5-2。

表 5-2 八 D 锁存器 74LS373 的功能表

$\overline{EN}$	LE	D	Q
L	H	H	H
L	H	L	L
L	H	×	Q_0
H	×	×	Z

由表 5-2 可以看出八 D 锁存器 74LS373 的逻辑功能：当 $\overline{EN}$ 为高电平时，所有输出均为高阻态；当 $\overline{EN}$ 为低电平且 LE 为高电平时，输入数据能够传输到输出端；当 $\overline{EN}$ 为低电平时 LE 为低电平时，输出端被锁存在此信号之前已建立的数据状态。

由 74LS373 构成的单片机数据总线中的多路数据选通电路如图 5-8 所示。

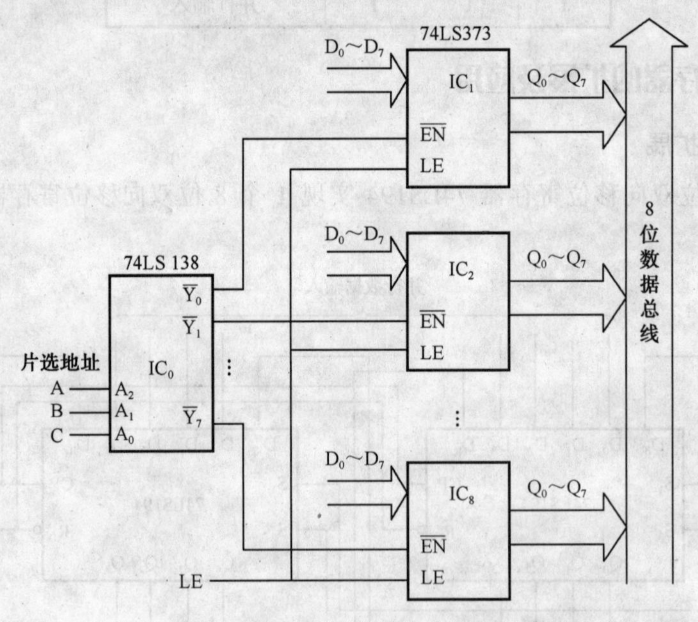

图 5-8 由 74LS373 构成的多路数据选通电路

图 5-8 所示电路中，8 个 74LS373 的允许控制端 LE 接在一起作为公共的允许控制端，每个 74LS373 的输出允许控制端 $\overline{EN}$ 分别接至 74LS138 的输出端。当给 LE 端加一个正的窄

脉冲时，各组数据被分别写入各自的寄存器中；若此时所有$\overline{EN}$都为高电平，输出端呈现高阻态，数据不能被送到8位数据总线上。若此时74LS138依次给每个寄存器的$\overline{EN}$一个低电平，则各寄存器的数据就会按顺序传送到8位数据总线上，这样只要使用8根数据总线就可以获得8*n*个数据，使电路得到简化。

2）串行-并行数据转换

如图5-3所示4位移位寄存器就可以实现串行-并行数据转换。经过前面的分析可以得出：加在串行输入端的串行数据D_I经过4个CP周期，依次右移入4个触发器，并能够从Q_3、Q_2、Q_1、Q_0端得到并行输出，实现串行数据转换成并行数据。再经过3个CP周期，又可以在Q_3端依次得到相应的串行输出，从而实现并行数据转换成串行数据。

3）发光二极管循环点亮/熄灭控制电路

发光二极管循环点亮/熄灭控制电路如图5-9所示。

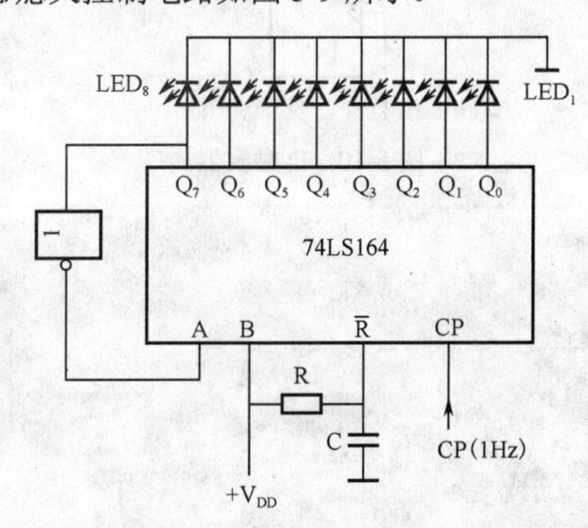

图5-9 由74LS164构成的发光二极管循环点亮/熄灭控制电路

74LS164为一片8位移位寄存器，具有2个串行数据输入端A、B，1个时钟输入端CP，1个低电平有效的清零端$\overline{R}$，8个并行数据输出端。该芯片的逻辑功能为：当$\overline{R}$=0时，寄存器清零；当$\overline{R}$=1、CP=0时，寄存器状态保持；当$\overline{R}$=1，A、B中有一个为低电平时，将禁止另一个串行数据输入，并在下一个CP上升沿作用下，Q_0变为低电平，Q_1变为Q_0，以此类推。当$\overline{R}$=1，A、B有一个为高电平时，则允许另一个串行数据输入，并由另一端决定Q_0的状态。如果只需要一个串行数据输入端，另一端必接高电平。

图5-9所示电路的工作原理为：刚刚接通电源时，由于$\overline{R}$=0，输出端被清零，Q_0～Q_7均为低电平，发光二极管不亮，A为高电平；当第1个CP上升沿到来时，Q_0变为高电平，LED_1被点亮；当第2个CP上升沿到来时，Q_1也变为高电平，LED_2被点亮；以此类推，当第8个CP上升沿到来时，Q_7也变为高电平，LED_8被点亮，此时A变为低电平；同样，再经过8个CP上升沿，Q_0～Q_7依次变为低电平，LED_1～LED_8又依次熄灭。

5.2 寄存器VHDL语言设计

与其他硬件描述语言相比，在时序电路的描述上，VHDL具有许多独特之处。最明显的是 VHDL 主要通过对时序器件功能和逻辑行为的描述而非结构上的描述，使计算机综合出符合要求的时序电路，从而充分体现了 VHDL 电路系统行为描述的强大功能。

下面将对一个典型的时序元件 D 触发器的 VHDL 描述进行详细分析，从而得出时序电路描述的一般规律和设计方法。

5.2.1 D 触发器的 VHDL 描述

最简单、最常用且最具代表性的时序电路是 D 触发器，它是现代数字系统设计中最基本的时序单元和底层元件。D 触发器的描述包含了 VHDL 对时序电路的最基本和最典型的表达方式，同时也包含了 VHDL 中许多最具特色的语言现象。实例 5-1 是对图 5-10 所示 D 触发器元件的描述。

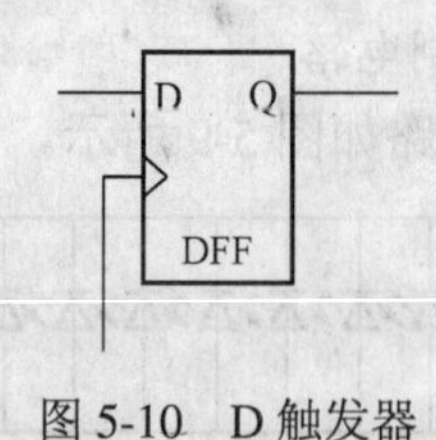

图 5-10 D 触发器

实例 5-1 D 触发器描述。

```
LIBRARY IEEE ;
USE IEEE.STD_LOGIC_1164.ALL ;
ENTITY dff1 IS
  PORT （CLK : IN STD_LOGIC ;
          D : IN STD_LOGIC ;
          Q : OUT STD_LOGIC ）;
 END ;
 ARCHITECTURE bhv OF dff1 IS
  SIGNAL Q1 : STD_LOGIC ;         --类似于在芯片内部定义一个数据的暂存节点
  BEGIN
   PROCESS （CLK,Q1）
    BEGIN
     IF  CLK'EVENT AND CLK = '1'
         THEN  Q1 <= D ;
     END IF;
    END PROCESS ;
    Q <= Q1 ;             --将内部的暂存数据向端口输出
     END bhv;
```

从 VHDL 的描述上看，与前几章实例相比，实例 5-1 多了如下两个部分。

（1）定义了一个内部节点信号：SIGNAL Q1。

（2）使用了一种新的条件判断表式：CLK'EVENT AND CLK = '1'。

除此之外，虽然前些案例描述的是组合电路，而实例 5-1 描述的是时序电路，如果不详

细分析其中的表述含义，这两例在语句结构和语言应用上没有明显的差异，也不存在如其他硬件描述语言（如 ABEL、AHDL）那样包含用于表示时序或组合逻辑的特征语句，更没有与特定的软件或硬件相关的特征属性语句。这也充分表明了 VHDL 电路描述与设计平台和硬件实现对象无关性的优秀特点。

5.2.2 D 触发器的语言现象说明

1．信号定义和数据对象

实例 5-1 中的语句“SIGNAL Q1：STD_LOGIC;”表示在描述的器件 DFF1 内部定义标识符 Q1 的数据对象为信号 SIGNAL，其数据类型为 STD_LOGIC。由于 Q1 被定义为器件的内部节点信号，数据的进出不像端口信号那样受限制，所以不必定义其端口模式（如 IN、OUT 等）。定义 Q1 的目的是为了在设计更大的电路时使用由此引入的时序电路的信号，这是一种常用的时序电路设计方式。

事实上，如果在实例 5-1 中不做 Q1 的定义，其结构体（如将其中的赋值语句“Q1 <= D”改为“Q <= D”）同样能综合出相同的结果，但不推荐采用这种设计方式。

语句“SIGNAL Q1：STD_LOGIC;”中的 SIGNAL 是定义某标识符为信号的关键词。在 VHDL 中，数据对象（Data Objects）类似于一种容器，它接受不同数据类型的赋值。数据对象有 3 类，即信号（SIGNAL）、变量（VARIABLE）和常量（CONSTANT）。在 VHDL 中，被定义的标识符必须确定为某类数据对象，同时还必须被定义为某种数据类型。例如实例 5-1 中的 Q1，对它规定的数据对象是信号，而数据类型是 STD_LOGIC，前者规定了 Q1 的行为方式和功能特点，后者限定了 Q1 的取值范围。VHDL 规定，Q1 作为信号，它可以像一根导线那样在整个结构体中传递信息，也可以根据程序的功能描述构成一个时序元件；但 Q1 传递或存储的数据的类型只能包含在 STD_LOGIC 的定义中。

需要注意的是，语句“SIGNAL Q1：STD_LOGIC;”仅规定了 Q1 的属性特征，而其功能定位需要由结构体中的语句描述具体确定。如果将 Q1 比喻为一瓶葡萄酒，则其特定形状的酒瓶就是其数据对象，瓶中的葡萄酒（而非其他酒）就是其数据类型，而这瓶酒的用处（功能）只能由拥有这酒的人来确定，即结构体中的具体描述。

2．上升沿检测表述和信号属性函数 EVENT

实例 5-1 中的条件语句的判断表述“CLK'EVENT AND CLK='1'”是用于检测时钟信号 CLK 的上升沿的，即如果检测到 CLK 的上升沿，此表达式将输出“true”。

关键词“EVENT”是信号属性函数。用来获得信号行为信息的函数就称为信号属性函数。VHDL 通过以下表述来测定某信号的跳变情况：

```
<信号名>'EVENT
```

短语“CLK'EVENT”就是对 CLK 标识符的信号在当前的一个极小的时间段 δ 内发生事件的情况进行检测。所谓发生事件，就是 CLK 在其数据类型的取值范围内发生变化，从一种取值转变到另一种取值（或电平方式）。

如果 CLK 的数据类型定义为 STD_LOGIC，则在 δ 时间段内，CLK 从其数据类型允许的 9 种值中的任何一个值向另一值跳变，如由'0'变成'1'、由'1'变成'0'或由'Z'变成'0'，都认为发生了事件，于是此表述将输出一个布尔值“true”，否则为“false”。

如果将以上短语“CLK'EVENT”改成语句：“CLK'EVENT AND CLK ='1'”，则表示一旦“CLK'EVENT”在 δ 时间内测得 CLK 有一个跳变，而此小时间段 δ 之后又测得 CLK 为高电平'1'，即满足此语句右侧的 CLK ='1'的条件，于是两者相与（AND）后返回值为“true”，由此便可以从当前的 CLK ='1'推断在此前的 δ 时间段内，CLK 必为'0'（设 CLK 的数据类型是 BIT）。因此，以上的表达式就可以用来对信号 CLK 的上升沿进行检测，于是语句“CLK'EVENT AND CLK ='1'”就成了边沿检测的经典语句。

如果想排除前一状态的不确定性，可以再修改语句为：“CLK 'EVENT AND CLK='1' AND CLK 'LAST_VALUE='0'”，从而保证了 CLK 在 δ 时刻内的跳变确实是从'0'变到'1'的，是上升沿。同理，“CLK 'EVENT AND CLK ='0' AND CLK 'LAST_VALUE='1'”，则保证了下降沿。但实际使用时这两种写法都无必要。

3. 不完整条件语句与时序电路

现在来分析实例 5-1 中对 D 触发器功能的描述。

首先考察时钟信号 CLK 上升沿出现的情况（即满足 IF 语句条件的情况）。当 CLK 发生变化时，PROCESS 语句被启动，IF 语句将测定条件表式“CLK'EVENT AND CLK='1'”是否满足条件，如果 CLK 的确出现了上升沿，则满足条件表式对上升沿的检测，于是执行语句 Q1<=D，即将 D 的数据向内部信号 Q1 赋值，即更新 Q1，并结束 IF 语句。最后将 Q1 的值向端口信号 Q 输出。

至此，是否可以认为，CLK 上升沿测定语句“CLK'EVENT AND CLK='1'”就成为综合器构建时序电路的必要条件呢？回答是否定的，其原因将在后文给出说明。

其次再考察如果 CLK 没有发生变化，或者说 CLK 没有出现上升沿方式的跳变时 IF 语句的行为。这时由于 IF 语句不满足条件，即条件表式给出“false”，于是将跳过赋值表式“Q1<=D”，不执行此赋值表式而结束 IF 语句。IF 语句中没有利用通常的 ELSE 语句明确指出当 IF 语句不满足条件时作何操作，显然这是一种不完整的条件语句（即在条件语句中，没有将所有可能发生的条件给出对应的处理方式）。对于这种语言现象，VHDL 综合器理解为，对于不满足条件，跳过赋值语句“Q1<=D”不予执行，即意味着保持 Q1 的原值不变（保持前一次时钟上升沿后 Q1 被更新的值）。对于数字电路来说，试图保持一个值不变，就意味着具有存储功能的元件的使用，从而必须引进时序元件来保存 Q1 中的原值，直到满足 IF 语句的判断条件后才能更新 Q1 中的值。

显然，时序电路构建的关键在于利用这种不完整的条件语句的描述。这种构成时序电路的方式是 VHDL 描述时序电路最重要的途径。

通常，完整的条件语句只能构成组合逻辑电路。如实例 3-4 中，IF_THEN_ELSE 语句指明了 s 为'1'和'0'全部可能的条件下的赋值操作，从而产生了多路选择器组合电路模块。

然而必须注意，虽然在构成时序电路方面，可以利用不完整的条件语句所具有的独特功能构成时序电路，但在利用条件语句进行纯组合电路设计时，如果没有充分考虑电路中所有可能出现的问题（条件），即没有列全所有的条件及其对应的处理方法，将导致不完整的条件语句的出现，从而综合出设计者不希望的组合与时序电路的混合体。

实例 5-2 比较电路的不完整条件描述。

```
ENTITY COMP_BAD IS
```

```
  PORT ( a1, b1  : IN BIT;
  q1  : OUT BIT   ) ;
END ;
ARCHITECTURE one OF COMP_BAD IS
  BEGIN
   PROCESS (a1,b1)
BEGIN
IF  a1 > b1   THEN
 q1 <= '1' ;
ELSIF a1 < b1 THEN
 q1 <= '0' ;                 -- 未提及当a1=b1时，q1做何操作
END IF;
   END PROCESS ;
END ;
```

图5-11　实例5-2的电路图（Synplify综合）

实例5-3　比较电路的完整条件描述。

```
...
    IF  a1 > b1 THEN
q1 <= '1' ;
    ELSE
q1 <= '0' ;
 END IF;
...
```

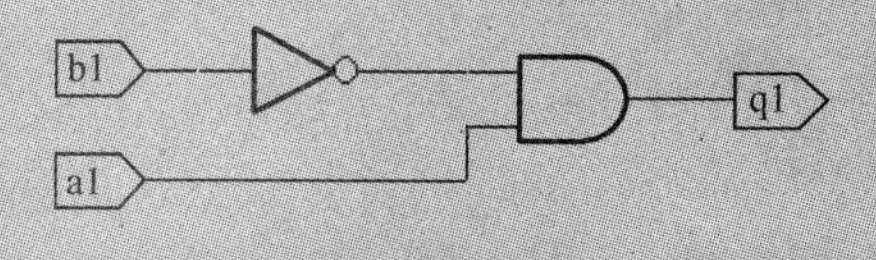

图5-12　实例5-3的电路图（Synplify综合）

实例5-3是对实例5-2的改进，其中的“ELSE q1<='0'”语句即已交代了在a1小于等于b1的情况下，q1做何赋值行为，从而能产生图5-3所示的简洁的组合电路。

在此，不妨比较实例5-2和实例5-3的综合结果。可以认为实例5-2的原意是要设计一

个纯组合电路的比较器，但是由于在条件语句中漏掉了给出当 a1=b1 时 q1 做何操作的表述，结果导致了一个不完整的条件语句。这时，综合器将对实例 5-2 的条件表述解释为：当条件 a1=b1 时对 q1 不做任何赋值操作，即在此情况下保持 q1 的原值。这便意味着必须为 q1 配置一个寄存器，以便保存它的原值。图 5-2 所示的电路图即为实例 5-2 的综合结果。不难发现综合器已为比较结果配置了一个寄存器。

通常在仿真时，对这类电路的测试，很难发现在电路中已被插入了不必要的时序元件，这样就浪费了逻辑资源，降低了电路的工作速度，影响了电路的可靠性。因此，设计者应该尽量避免此类电路的出现。

现在已不难发现，引入时序电路结构的必要条件和关键所在并非是边沿检测表述“CLK'EVENT AND CLK='1'”的应用或是其他什么语句结构，而是不完整的任何形式的条件语句的出现，且不局限于 IF 语句。

图 5-11、图 5-12 所示都是用 HDL 综合器 Synplify 综合所得的 RTL 图。此后的多数图也一样。

5.2.3 实现时序电路的不同表述

实例 5-1 通过利用表述“CLK'EVENT AND CLK='1'”来检测 CLK 的上升沿，从而实现了边沿触发寄存器的设计。事实上，VHDL 还有其他多种实现时序元件的方式，如实例 5-4 至实例 5-9 所示。

实例 5-4 时序电路描述（1）。

```
...
PROCESS (CLK)
 BEGIN
IF  CLK'EVENT AND   (CLK='1') AND (CLK'LAST_VALUE='0')  THEN
   Q <= D ;          --确保 CLK 的变化是一次上升沿的跳变
END IF;
END PROCESS ;
```

实例 5-5 时序电路描述（2）。

```
...
PROCESS (CLK)
 BEGIN
IF  CLK='1' AND CLK'LAST_VALUE='0' THEN
 Q <= D ;
END IF;
END PROCESS ;
```

实例 5-6 时序电路描述（3）。

```
LIBRARY IEEE ;
```

```
USE IEEE.STD_LOGIC_1164.ALL ;
ENTITY DFF1 IS
 PORT (CLK, D : IN STD_LOGIC ;
           Q : OUT STD_LOGIC ) ;
 END ;
 ARCHITECTURE bhv OF DFF1 IS
  SIGNAL Q1 : STD_LOGIC;
 BEGIN
  PROCESS (CLK)
   BEGIN
   IF  rising_edge (CLK)  THEN        -- 必须打开 STD_LOGIC_1164 程序包
     Q1 <= D ;
   END IF;
   END PROCESS ;
   Q <= Q1 ;                        --在此，赋值语句可以放在进程外，作为并行赋值语句
 END ;
```

实例 5-7　时序电路描述（4）。

```
...
PROCESS
  BEGIN
   wait until CLK = '1'   ;      --利用 wait 语句
    Q <= D ;
END PROCESS;
```

实例 5-8　时序电路描述（5）。

```
...
PROCESS (CLK)
   BEGIN
    IF  CLK = '1' THEN
 Q <= D ;                             --利用进程的启动特性产生对 CLK 的边沿检测
    END IF;
END PROCESS ;
```

实例 5-9　时序电路描述（6）。

```
...
PROCESS (CLK, D)  BEGIN
    IF  CLK = '1'  THEN          --电平触发型寄存器
      Q <= D ;
```

```
        END IF;
    END PROCESS ;
```

严格地说，如果信号 CLK 的数据类型是 STD_LOGIC，则它可能的取值有 9 种，而 CLK'EVENT 为真的条件是 CLK 在 9 种数据中的任何两种间的跳变，因而当表达式“CLK'EVENT AND CLK='1'”为真时，并不能推定 CLK 在 δ 时刻前是'0'（如它可以从'Z'变到'1'），从而即使 CLK 有“事件”发生也不能肯定 CLK 发生了一次由'0'到'1'的上升沿的跳变。为了确保此 CLK 发生的是一次上升沿的跳变，实例 5-4 采用了如下的条件判断表达式：

```
    CLK'EVENT AND （CLK='1'） AND （CLK'LAST_VALUE='0'）
```

与'EVENT 一样，'LAST_VALUE 也属于预定义的信号属性函数，它表示最近一次事件发生前的值。CLK'LAST_VALUE='0'为“true”，表示 CLK 在 δ 时刻前为'0'。

如果“CLK'EVENT AND CLK='1'”和“CLK'LAST_VALUE='0'”相与为真的话，则保证了 CLK 在δ时刻内的跳变确实是从'0'变到'1'的。实例 5-4、实例 5-5、实例 5-6 都有相同的用意，只是实例 5-6 调用了一个测定 CLK 上升沿的函数 rising_edge（ ）。

rising_edge（ ）是 VHDL 在 IEEE 库中标准程序包 STD_LOGIC_1164 内的预定义函数，这条语句只能用于标准逻辑位数据类型 STD_LOGIC 的信号。因此必须打开 IEEE 库和程序包 STD_LOGIC_1164，然后定义相关的信号（如 CLK）的数据类型为标准逻辑位数据类型 STD_LOGIC。在此 CLK 的数据类型必须是 STD_LOGIC。

测下降沿可用的语句有“CLK='0' AND CLK'LAST_VALUE='1'”、“falling_edge（）”、“CLK'EVENT AND （CLK='0'）”等。

实例 5-7 则是利用了一条 wait until 语句实现时序电路设计的，含义是如果 CLK 当前的值不是'1'，就等待并保持 Q 的原值不变，直到 CLK 变为'1'时才对 Q 进行赋值更新。VHDL 要求，当进程语句中使用 wait 语句后，就不必列出敏感信号。

实例 5-8 描述的 D 触发器的 CLK 边沿检测是由 PROCESS 语句和 IF 语句相结合实现的。其原理是：当 CLK 为'0'时，PROCESS 语句处于等待状态，直到发生一次由'0'到'1'的跳变才启动进程语句，而在执行 IF 语句时，又满足了 CLK 为'1'的条件，于是对 Q 进行赋值更新。而此前，Q 一直保持原值不变，直到下一次上跳时钟边沿的到来。

因此实例 5-7 和实例 5-8 描述的都是相同的 D 触发器，其电路的仿真测试波形如图 5-13 所示。由波形可见，Q 的变化仅发生于 CLK 的上升沿后。

与实例 5-8 相比，实例 5-9 仅在敏感信号表中多加了电路输入信号 D，但综合后的电路功能却发生了很大的变化。由图 5-14 可见，它表现的是电平式触发的锁存器功能，与图 5-13 表现的波形有很大的区别。在 CLK 处于高电平时，输出 Q 随 D 的变化而变化，而 CLK 仅在低电平时保持数据不变。

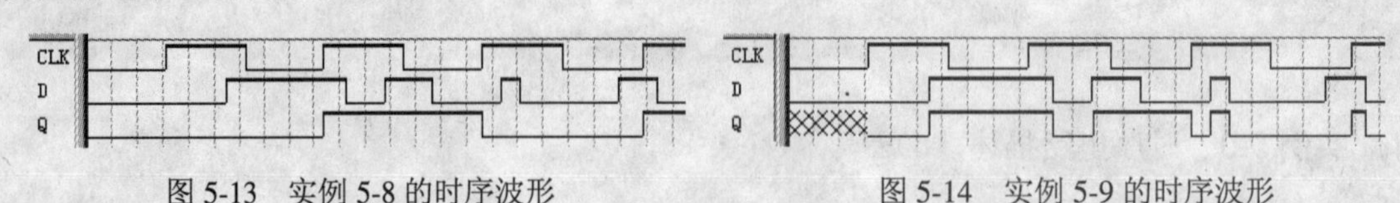

图 5-13　实例 5-8 的时序波形　　　　图 5-14　实例 5-9 的时序波形

由实例 5-9 的语句分析可知，当 CLK 为'1'不变时，输入数据 D 的任何变化都会启动进程 PROCESS，从而实现输出信号 Q 的更新。而当 CLK 原来为'0'时，即使由于 D 的变化启

动了 PROCESS，但由于不满足 IF 语句的条件，Q 仍然必须处于数据原值保存的状态。显然，实例 5-9 提供了一个电平型触发的时序元件（锁存器）的设计方法。

但需要指出，此类功能只有 MaxplusⅡ、QuartusⅡ等 EDA 工具中含有，其他 VHDL 综合器不承认这类语法表述，它们都要求将进程中的所有输入信号都列进敏感信号表中，否则给予警告信息。因此，对于这种综合器，无法利用此类表述实现电平型触发的时序元件。显然，具体情况需要根据设计者使用的 EDA 工具软件的功能具体确定。在一般情况下，不推荐使用实例 5-9 的表达方式产生时序电路。

由实例 5-4 至实例 5-9 可见，时序电路只能利用进程中的顺序语句来建立。此外，考虑到多数综合器并不理会边沿检测语句中信号的 STD_LOGIC 数据类型，所以最常用和通用的边沿检测表述仍然是 CLK'EVENT AND CLK='1'。

5.2.4　异步时序电路设计

可以将构成时序电路的进程称为时钟进程。在时序电路设计中应注意，一个时钟进程只能构成对应单一时钟信号的时序电路，或者说是同步时序电路。即如果在进程中需要构成多触发器时序电路，也只能产生对应某个单一时钟的同步时序逻辑。异步逻辑必须用多个时钟进程语句来构成。实例 5-10 用两个时钟进程描述了一个异步时序电路，综合后的电路如图 5-15 所示。

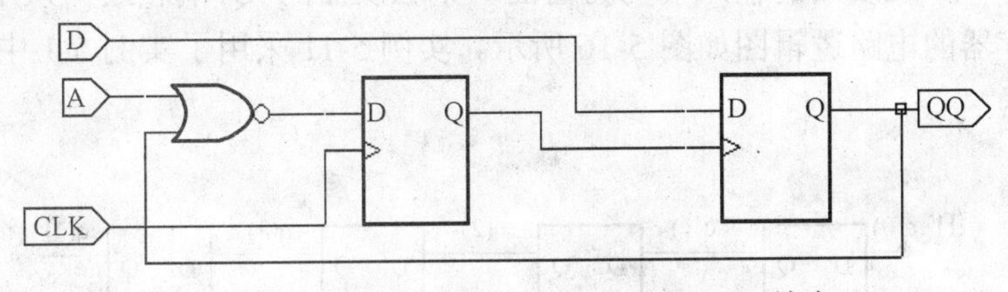

图 5-15　实例 5-10 综合后的电路（Synplify 综合）

其中，进程标号“PRO1”和“PRO2”只是一种标注符号，不参加综合。程序中，时钟进程 PRO1 的赋值信号 Q1 成了时钟进程 PRO2 的敏感信号及时钟信号。这两个时钟进程通过 Q1 进行通信联系。显然，尽管两个进程都是并行语句，但它们被执行（启动）的时刻并非同时，因为根据敏感信号的设置，进程 PRO1 总是先于 PRO2 被启动。

实例 5-10　异步时序电路描述。

```
   ...
   ARCHITECTURE bhv OF MULTI_DFF IS
      SIGNAL Q1,Q2 : STD_LOGIC;
   BEGIN
PRO1: PROCESS (CLK)
      BEGIN
       IF  CLK'EVENT AND CLK='1'
         THEN  Q1 <= NOT (Q2 OR A);
       END IF;
      END PROCESS ;
```

```
      PRO2: PROCESS  (Q1)
             BEGIN
              IF  Q1'EVENT AND Q1='1'
                THEN  Q2 <= D;
              END IF;
             END PROCESS ;
      QQ <= Q2 ;
        ...
```

5.3 移位寄存器 VHDL 语言设计

5.3.1 移位寄存器的描述

移位寄存器就是一种具有移位功能的寄存器阵列。移位功能是指寄存器里面存储的数据能够在外部时钟信号的作用下进行顺序左移或者右移，因此移位寄存器常用来存储数据、实现数据的串-并转换、进行数值运算以及数据处理等。4 位移位寄存器可由 4 个 D 触发器组成，设触发器采用边沿触发方式，第一个触发器的输入端用来接 4 收位寄存器的输入信号，其余每一个触发器的输入端均与前面一个触发器的 Q 端相连。采用上述设定方式的 4 位移位寄存器的电路逻辑图如图 5-16 所示。实例 5-11 采用了实例 5-1 中的 D 触发器来构成移位寄存器。

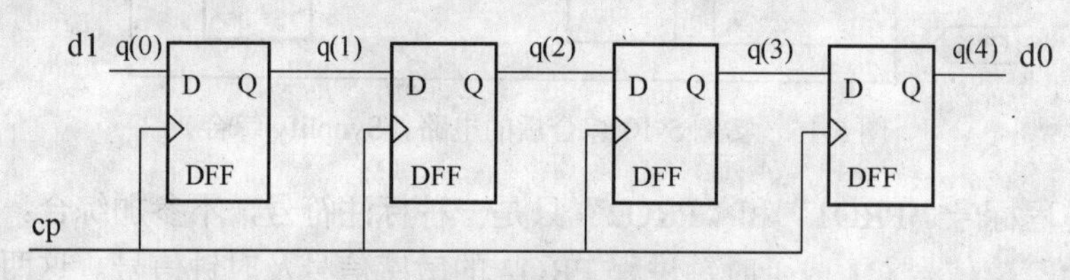

图 5-16　移位寄存器

实例 5-11　移位寄存器描述（1）：元件例化描述方法。

```
USE IEEE. STD_LOGIC_1164.ALL;
    ENTITY shift IS
    PORT(d1: IN STD_LOGIC;
            cp: IN STD_LOGIC;
            d0: OUT STD_LOGIC);
    END shift;
    ARCHITECTURE str OF shift IS
    COMPONENT dff1
        PORT (CLK : IN STD_LOGIC ;
                D : IN STD_LOGIC ;
                Q : OUT STD_LOGIC);
```

```
    END COMPONENT;
    SIGNAL q: STD_LOGIC_VECTOR( 4 DOWNTO 0);
    BEGIN
    q(0)<=d1;
    u1 : dff1 PORT MAP (cp, q(0), q(1)); --元件例化语句
    u2 : dff1 PORT MAP (cp, q(1), q(2));
    u3 : dff1 PORT MAP (cp, q(2), q(3));
    u4 : dff1 PORT MAP(cp, q(3), q(4));
    d0<=q(4);
END str;
```

元件例化语句主要用于模块化的程序设计中，并且使用该语句可以直接利用以前建立的 VHDL 模块，因此设计人员常将一些使用频率很高的元件程序放在工作库中，以便在以后的设计中直接调用，避免了大量重复性的书写工作。

元件例化语句也体现了分层次的思想，每个元件就是一个独立的设计实体，可以把一个复杂的设计实体划分成多个简单的元件来设计。

5.3.2 移位寄存器的语言现象说明

1. 元件声明语句和元件例化语句

为了达到连接底层元件 D 触发器形成移位寄存器的电路设计结构，文件中使用了例化语句。文件在实体中首先定义了移位寄存器顶层设计元件的端口信号 dl、cp、d0，然后在“ARCHITECTURE”和“BEGIN”之间利用 COMPONENT 语句对准备调用的元件（DFF1 触发器）做了声明，并定义了 q（4）～q（0）五个信号作为器件内部的连接线（如图 5-16 所示）。最后利用端口映射语句 PORT MAP（ ）将四个 D 触发器连接起来构成一个完整的移位寄存器。

2. LOOP 循环语句

在电路设计过程中，常常会遇到某些操作重复进行或操作要重复进行到某个条件满足为止的问题，如果采用一般的 VHDL 描述语句，往往需要进行大量程序段的重复书写，这样将会浪费时间。为了解决这个问题，同其他高级语言一样，VHDL 也提供了可以实现迭代控制的循环语句，即 LOOP 语句。LOOP 语句可以使程序有规则地循环执行，循环次数取决于循环参数的取值范围。

常用的循环语句有 FOR 和 WHILE 两种。

1）FOR 循环

FOR 循环是一种已知循环次数的语句， 其格式如下：

```
    [循环标号] : FOR  循环变量的循环次数范围  LOOP
        顺序语句;
    END  LOOP  [循环标号];
```

其中，循环标号是用来表示 FOR 循环语句的标识符，是可选项。循环次数范围表示循环变量的取值范围，且在每次循环中，循环变量的值都要发生变化。例如：

```
    add: FOR i  IN 1  TO 9  LOOP
              sum:=i+sum;
       END LOOP  add;
```

上例中，“add”为循环标号，“i”是一个临时循环变量，属于 FOR 语句的局部变量，不必事先定义， 由 FOR 语句自动定义，在 FOR 语句中不应再使用其他与此变量同名的标识符。i 从循环范围的初值开始，每循环一次就自动加 1，直到超出循环范围的终值为止。执行结果 sum 为 1 到 9 的和。

2）WHILE 循环

WHILE 循环是一种未知循环次数的语句， 循环次数取决于条件表达式是否成立。其格式如下：

```
    [循环标号] ： WHILE 条件表达式 LOOP
       顺序语句;
    END  LOOP  [循环标号] ；
```

循环标号是用来表示 WHILE 循环语句的标识符，是可选项。在循环语句中，没有给出循环次数的范围，而是给出了循环语句的条件。WHILE 后边的条件表达式是一个布尔表达式，如果条件为“true”，则进行循环；如果条件为“false”，则结束循环。

实例 5-12　FOR 格式循环语句。

```
    PROCESS (a)
    VARIABLE  tmp:STD_LOGIC;
    BEGIN
    tmp:='0';
    FOR i  IN 1  TO 7  LOOP
    tmp:=tmp  XOR  a (i) ;
    END LOOP;
```

实例 5-13　WHILE 格式循环语句。

```
    PROCESS (a)
    VARIABLE tmp:STD_LOGIC;
    VARIABLE i  :INTEGER;              --定义 i 为整数
    BEGIN
    tmp:= '0'
    i:=0;                              --定义 i 初值为 0
    WHILE  (i<8)  LOOP
    tmp:=tmp XOR a (i) ;
    i:=i+1;                            --每一次循环 i 加 1
    END LOOP;
```

由实例 5-12 和实例 5-13 可以看出，FOR 格式和 WHILE 格式可以完成同样的循环，但是因为 WHILE 格式中条件是自定义的，所以循环变量 i 的定义赋值都得用语句完成，而 FOR 格式不用。但是要注意，只有整数型循环变量才两种方式都可以采用。如果循环条件为 A<B 等，则不可用 FOR 格式。

3. IF 条件语句优先问题

实例 5-14 移位寄存器描述（2）：LOOP 循环语句描述方法。

```
LIBRARY IEEE;
USE  IEEE.STD_LOGIC_1164.ALL;

ENTITY shift1 IS
 PORT ( d : IN STD_LOGIC_VECTOR (7 DOWNTO 0) ;
      clr,clk,load,dir,sr,sl:IN STD_LOGIC;
      q: OUT  STD_LOGIC_VECTOR (7 DOWNTO 0)
    ) ;
END  shift1 ;

ARCHITECTURE arc OF shift1  IS
SIGNAL a:STD_LOGIC_VECTOR  (7 DOWNTO 0) ;
BEGIN
q<=a;
PROCESS (clk,clr)
VARIABLE tmp:STD_LOGIC;
 BEGIN
   IF  ( clr='0')  THEN
     a<="00000000";
   ELSIF  (clk'EVENT)  AND  (clk='1')  THEN
     IF  (load ='0')  THEN
       a<=d;
     ELSIF  (load ='1')  AND  (dir='0')  THEN
          FOR i  IN 7 DOWNTO 1 LOOP
          a (i) <=a (i-1) ;
          END LOOP;
          a (0) <=sr;
     ELSIF  (load ='1')  AND  (dir='1')  THEN
          FOR i  IN  0 TO 6 LOOP
          a (i) <=a (i+1) ;
          END LOOP;
          a (7) <=sl;
```

```
        END IF;
      END IF;
   END PROCESS;
   END ARCHITECTURE arc ;
```

实例 5-14 用 LOOP 语句设计了一个 8 位双向移位寄存器，同时能进行清零与并行输入。功能表见表 5-3。

程序段：

```
   FOR i IN 7 DOWNTO 1 LOOP
       a (i) <=a (i-1) ;
   END LOOP;
   a (0) <=sr;
```

完成 dir='0'时的左移。当 i 从 7 递减到 1 时，则分别完成 a6->a7，a5->a6，…，a0->a1，最后跳出循环后完成 sr->a0，外部数据左移进入寄存器。在此例中，如果写成“FOR i IN 1 TO 7 LOOP”，看起来循环仍然完成 7 次，i 从 1 递增至 7，但结果却并不能完成左移。原因读者可自行分析。另一循环完成寄存器右移，在此就不做分析了。

表 5-3　例 5-14 移位寄存器功能表

clr	dir	load	clk	q(7)	q(6)	q(5)	q(4)	q(3)	q(2)	q(1)	q(0)	说明
0	*	*	*	0	0	0	0	0	0	0	0	清零
1	*	0	↑	d(7)	d(6)	d(5)	d(4)	d(3)	d(2)	d(1)	d(0)	预置
1	0	1	↑	q(6)	q(5)	q(4)	q(3)	q(2)	q(1)	q(0)	Sr	左移
1	1	1	↑	sl	q(7)	q(6)	q(5)	q(4)	q(3)	q(2)	q(1)	右移

由表 5-3 可知，当 clr 为 0 时，寄存器清零，且不需要时钟 clk 上升沿，所以为异步清零。而当 clr 为 1，而且 clk 处于上升沿时，有两种情况：当 load 为 0 时，寄存器并行置数；当 load 为 1 时，则根据 dir 的情况，寄存器完成左移或者右移。

这些条件有优先前后之分，所以在程序中有多个 IF 的嵌套，应该根据功能来书写。

```
   IF ( clr='0')   THEN
       清零;
   ELSIF (clk'EVENT) AND (clk='1') THEN
       IF (load ='0') THEN
          并行置数
       ELSIF (load ='1') AND (dir='0') THEN
          左移
       ELSIF (load ='1') AND (dir='1') THEN
          右移
       END IF;
   END IF;
```

在完成多个条件语句时，一定要注意优先问题，同时注意 ELSIF 的使用。

4. 生成语句

生成语句是一种循环语句，具有复制电路的功能。当设计一个由多个相同单元模块组成的电路时，利用生成语句复制一组完全相同的并行组件或设计单元电路结构，可避免多段相同结构的重复书写，以简化设计。生成语句有FOR工作模式和IF工作模式两种。

1）FOR 工作模式的生成语句

FOR 工作模式常常用来进行重复结构的描述，格式如下：

```
[生成标号：] FOR 循环变量 IN 取值范围 GENERATE
并行语句：
END GENERATE [生成标号]；
```

实例 5-15 用 FOR 工作模式生成语句描述 4 位移位寄存器。

```
LIBRARY IEEE;
USE IEEE.STD_LOGIC_1164.ALL;
ENTITY shift2  IS
PORT ( dl: IN STD_LOGIC;
       cp: IN STD_LOGIC;
       d0: OUT STD_LOGIC) ;
END shift 2;
ARCHITECTURE str OF shift2 IS
COMPONENT dff1
   PORT  (CLK : IN STD_LOGIC ;
            D : IN STD_LOGIC ;
            Q : OUT STD_LOGIC ) ;
END COMPONENT;
SIGNAL q: STD_LOGIC_VECTOR (4  DOWNTO  0) ;
BEGIN
q (0) < =dl;
reg1:FOR i IN 0 TO 3 GENERATE           --FOR 工作模式生成语句
dffx:dff1  PORT MAP  (cp , q (i)  , q ( i+ 1)) ;     --元件例化
END  GENERATE  reg1;
d0< =q (4) ;
END str;
```

通过比较实例 5-11 和实例 5-15 两个程序可以看出，实例 5-15 用一个 FOR 工作模式的生成语句来代替了 4 条元件例化语句。不难看出，当移位寄存器的位数增加时，FOR 工作模式的生成语句只需要修改循环变量 i 的循环范围就可以了。

FOR 工作模式的生成语句无法描述端口内部信号和端口信号的连接，所以实例 5-15 中只好用了两条信号赋值语句来实现内部信号和端口信号的连接。另外，实现内部信号和端口信号的连接还有一种方法，就是 IF 工作模式的生成语句。

2）IF 工作模式的生成语句

IF 工作模式的生成语句常用来描述带有条件选择的结构。格式如下：

```
[生成标号：] IF 条件 GENERATE
并行语句;
END GENERATE [生成标号] ;
```

其中，条件是一个布尔表达式，返回值为布尔类型：当返回值为“true”时，就会执行生成语句中的并行处理语句；当返回值为“false”时，则不执行生成语句中的并行处理语句。

FOR 工作模式生成语句常用来进行重复结构的描述，其循环变量是一个局部变量，取值范围可以选择递增和递减两种形式，如 0 TO 4（递增）和 3 DOWNTO 1（递减）等。IF 工作模式生成语句主要用于描述含有例外情况的结构，如边界处发生的特殊情况。该语句中只有 IF 条件为“true”时，才执行结构体内部的语句。由于两种工作模式各有特点，所以在实际的硬件数字电路设计中，两种工作模式常常可以同时使用。

实例 5-16 用 FOR 和 IF 工作模式的生成语句描述 8 位移位寄存器。

```
LIBRARY IEEE;
USE IEEE.STD_LOGIC_1164.ALL;
ENTITY shift3 IS
PORT ( d1: IN STD_LOGIC;
       cp: IN STD_LOGIC;
       d0: OUT STD_LOGIC) ;
END shift3;
ARCHITECTURE str OF shift3 IS
COMPONENT dff1
   PORT (CLK : IN STD_LOGIC ;
           D : IN STD_LOGIC ;
           Q : OUT STD_LOGIC ) ;
END COMPONENT;
SIGNAL q: STD_LOGIC_VECTOR (7 DOWNTO 1) ;
BEGIN
reg:
FOR i IN 0 TO 7 GENERATE          --FOR 工作模式生成语句
   g1:IF i=0 GENERATE              --IF 工作模式生成语句
      dffx: dff1 PORT MAP ( cp,d1,q ( i+ 1) ) ;
      END GENERATE;
   g2: IF i=7 GENERATE
      dffx:dff  PORT MAP (cp,q (i) , d0) ;
      END GENERATE;
   g3: IF ((i/= 0) AND (i/=7)) GENERATE
      dffx:dff1 PORT MAP (cp,q (i) , q ( i+ 1)) ;
```

```
            END GENERATE;
        END GENERATE reg;
        END str;
```

本程序使用了元件说明语句、元件例化语句、FOR 工作模式生成语句和 IF 工作模式生成语句，实现了一个由 8 个 D 触发器构成的 8 位移位寄存器。在 FOR 工作模式的生成语句中，IF 工作模式的生成语句首先进行条件 i=0 和 i=7 的判断，即判断所产生的 D 触发器是移位寄存器的第一级还是最后一级。如果是第一级触发器，就将寄存器的输入信号 dl 代入 PORT MAP 语句中；如果是最后一级触发器，就将寄存器的输出信号 d0 代入 PORT MAP 语句中。这样就方便地实现了内部信号和端口信号的连接，而不需要再采用其他的信号赋值语句。

操作测试 5　JK 触发器的 VHDL 设计

班级＿＿＿＿＿＿　姓名＿＿＿＿＿＿　学号＿＿＿＿＿＿

1．实验目的

熟悉利用 Quartus II 的 VHDL 输入方法设计 JK 触发器，通过仿真过程分析电路功能。

2．原理说明

JK 为触发端，CP 为时钟，上升沿有效，Q 为输出端。

3．实验任务

完成 JK 触发器的设计。

表 5-4　JK 触发器的逻辑功能真值表

CP	J	K	Q	说明
•	0	0	Q	保持
•	0	1	0	复位
•	1	0	1	置位
•	1	1	$\overline{Q}$	翻转

JK 触发器的程序清单

4. 思考题

如果是有异步清零和异步置位的 JK 触发器，程序中又应该如何增加控制语句？

习 题 5

5-1　图 5-17 所示是一个含有上升沿触发的 D 触发器的时序电路，试写出此电路的 VHDL 设计文件。

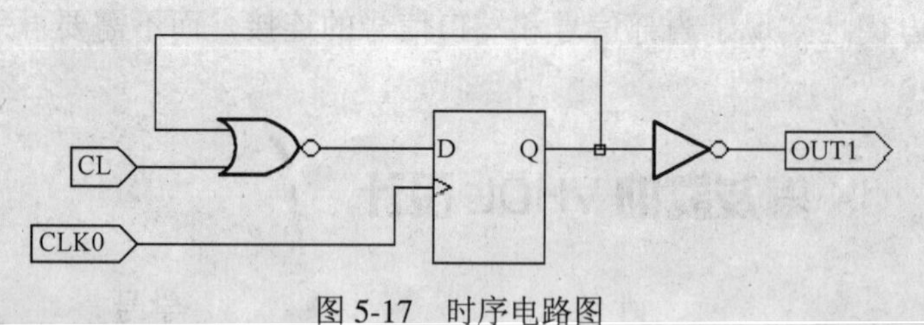

图 5-17　时序电路图

5-2　参考实例 5-11 设计 8 位左移移位寄存器。

5-3　给触发器复位的方法有哪两种？如果时钟进程中用了敏感信号表，哪种复位方法要求把复位信号放在敏感信号表中？

5-4　下述 VHDL 代码的综合结果会有几个触发器或锁存器？

程序 1：

```
architecture rtl of ex is
    signal a, b: std_logic_vector (3 downto 0) ;
begin
    process (clk)
    begin
        if clk = '1' and clk'event then
            if q (3)  /= '1' then  q <= a + b;
            end if;
        end if;
    end process;
end rtl;
```

程序 2：

```
architecture rtl of ex is
    signal a, b: std_logic_vector (3 downto 0) ;
begin
    process (clk)
        variable int: std_logic_vector (3 downto 0) ;
    begin
```

```
        if clk ='1' and clk'event then
            if int (3)  /= '1' then  int := a + b ; q <= int;
             end if;
        end if;
    end process;
end rtl;
```

程序 3:

```
architecture rtl of ex is
    signal a, b, c, d, e: std_logic_vector (3 downto 0) ;
begin
    process (c, d, e, en)
    begin
        if en ='1'  then  a <= c ;  b <= d;
          else   a <= e;
        end if;
    end process;
end rtl;
```

学习项目6 计数器设计应用

教学导航6

理论知识	整数、变量、省略操作符、IF条件语句套用
技能	巩固前一学习项目中文本输入法操作方法，进一步熟悉层次化VHDL程序设计方法；最终完成各种计数器应用项目
活动设计	（1）计数器应用分析 （2）IF条件语句套用 （3）语法说明 （4）几种不同类型计数器设计及实现； （5）方案小结

工作过程	教学内容	教学方法	建议学时
（1）相关背景知识	（1）计数器描述语句 （2）省略操作符 （3）IF条件语句套用	讲授法 案例教学法	4
（2）计数器应用分析、设计方案	（1）逻辑功能分析 （2）产品应用分析	小组讨论法 问题引导法	1
（3）计数器实现	（1）编辑文件 （2）创建工程 （3）目标芯片配置 （4）编译 （5）仿真 （6）引脚设置与下载 （7）层次化设计	练习法 现场分析法	5
（4）应用水平测试	（1）总结项目实施过程中的问题和解决方法 （2）完成项目测试题，进行项目实施评价	问题引导法	2

6.1　计数器逻辑功能分析

计数器是一种能够记录输入脉冲数目的装置，是数字电路中最常用的逻辑部件之一。计数器按计数脉冲输入方式不同可分为同步和异步计数器；按进位不同可分为二进制、十进制和 N 进制计数器；按计数过程中数字的增减可分为加法、减法和可逆计数器。

6.1.1　各种类型计数器的逻辑功能

1．同步计数器

1）同步二进制计数器

同步二进制加法计数器的逻辑图如图 6-1 所示。

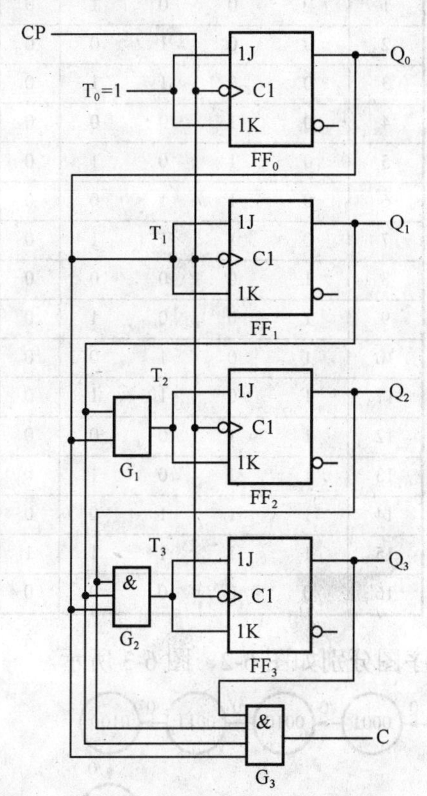

图 6-1　同步二进制加法计数器的逻辑图

现在分析图 6-1 所示电路的逻辑功能。

写驱动方程：

$$\begin{cases} T_0 = 1 \\ T_1 = Q_0 \\ T_2 = Q_1Q_0 \\ T_3 = Q_2Q_1Q_0 \end{cases} \tag{6.1}$$

写状态方程：

$$\begin{cases} Q_0^{n+1} = \overline{Q}_0 \\ Q_1^{n+1} = Q_0 \oplus Q_1 \\ Q_2^{n+1} = (Q_1Q_0) \oplus Q_2 \\ Q_3^{n+1} = (Q_2Q_1Q_0) \oplus Q_3 \end{cases} \tag{6.2}$$

写输出方程：

$$C=Q_3Q_2Q_1Q_0 \tag{6.3}$$

图 6-1 所示同步二进制加法计数器的状态转换表见表 6-1。

表 6-1　同步二进制加法计数器的状态转换表

CP	Q_3^n	Q_2^n	Q_1^n	Q_0^n	C
0	0	0	0	0	0
1	0	0	0	1	0
2	0	0	1	0	0
3	0	0	1	1	0
4	0	1	0	0	0
5	0	1	0	1	0
6	0	1	1	0	0
7	0	1	1	1	0
8	1	0	0	0	0
9	1	0	0	1	0
10	1	0	1	0	0
11	1	0	1	1	0
12	1	1	0	0	0
13	1	1	0	1	0
14	1	1	1	0	0
15	1	1	1	1	1
16	0	0	0	0	0

相应的状态转换图和时序图分别如图 6-2、图 6-3 所示。

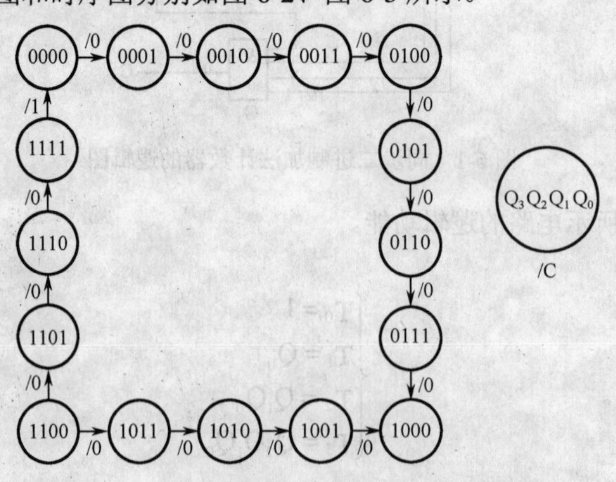

图 6-2　同步二进制加法计数器的状态转换图

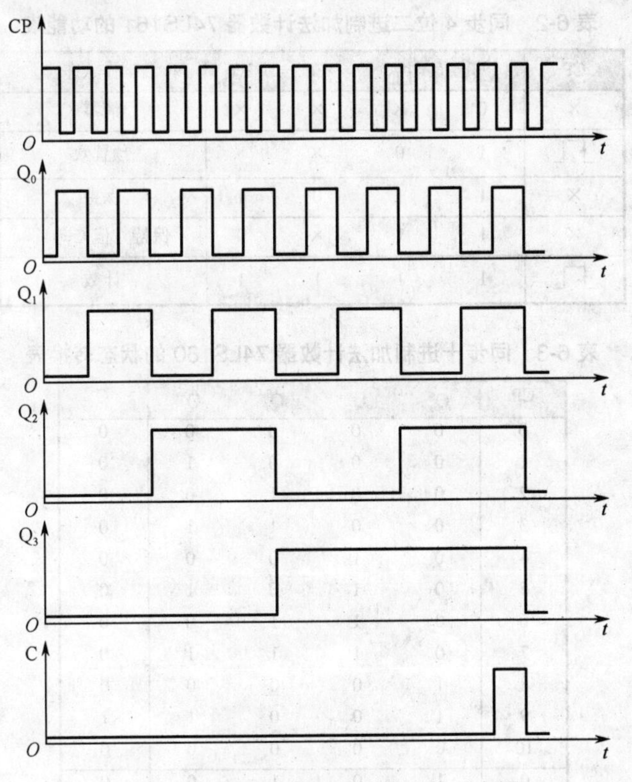

图 6-3 同步二进制加法计数器的时序图

该计数器为同步 4 位二进制加法计数器，按照计数容量分为十六进制计数器。同步 n 位二进制加法计数器的连接规律，$T_0=1$，$T_i=Q_{i-1}Q_{i-2}\cdots Q_1Q_0$。

中规模集成同步 4 位二进制加法计数器 74LS161 的引脚排列图和符号如图 6-4 所示。

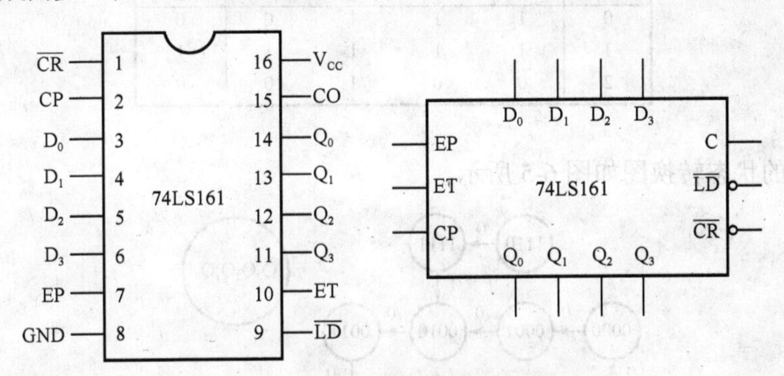

图 6-4 74LS161 的引脚排列图和符号

中规模集成同步 4 位二进制加法计数器 74LS161 的功能表见表 6-2。

2）同步十进制计数器

中规模集成同步十进制加法计数器 74LS160 的的引脚排列图和符号同 74LS161，其功能表也和 74LS161 一样，所不同的是 74LS160 实现的是十进制，而 74LS161 实现的是十六进制。74LS160 的状态转换表见表 6-3。

表 6-2 同步 4 位二进制加法计数器 74LS161 的功能表

CP	$\overline{CR}$	$\overline{LD}$	EP	ET	工作状态
×	0	×	×	×	清零
↑	1	0	×	×	预置数
×	1	1	0	1	保持
×	1	1	×	0	保持（但 C=0）
↑	1	1	1	1	计数

表 6-3 同步十进制加法计数器 74LS160 的状态转换表

CP	Q_3^n	Q_2^n	Q_1^n	Q_0^n	C
0	0	0	0	0	0
1	0	0	0	1	0
2	0	0	1	0	0
3	0	0	1	1	0
4	0	1	0	0	0
5	0	1	0	1	0
6	0	1	1	0	0
7	0	1	1	1	0
8	1	0	0	0	0
9	1	0	0	1	1
10	0	0	0	0	0
0	1	0	1	0	0
1	1	0	1	1	1
2	0	1	1	0	0
0	1	1	0	0	0
1	1	1	0	1	1
2	0	1	0	0	0
0	1	1	1	0	0
1	1	1	1	1	1
2	0	0	1	0	0

74LS160 的状态转换图如图 6-5 所示。

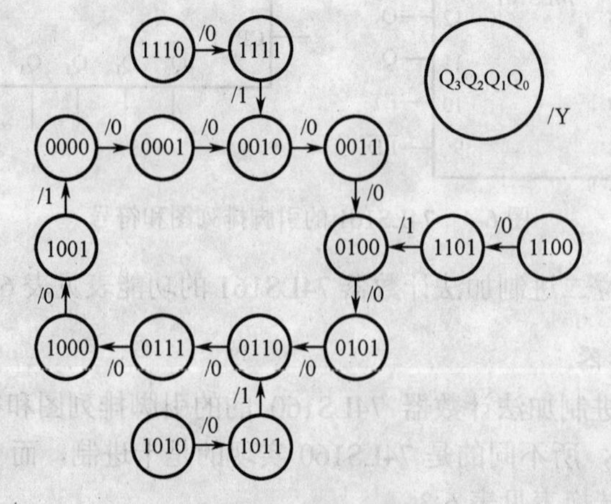

图 6-5 同步十进制加法计数器 74LS160 的状态转换图

2. 异步计数器

下面以异步二进制计数器为例介绍异步计数器。

图 6-6 所示为异步 3 位二进制加法计数器的逻辑图，其时序图如图 6-7 所示。

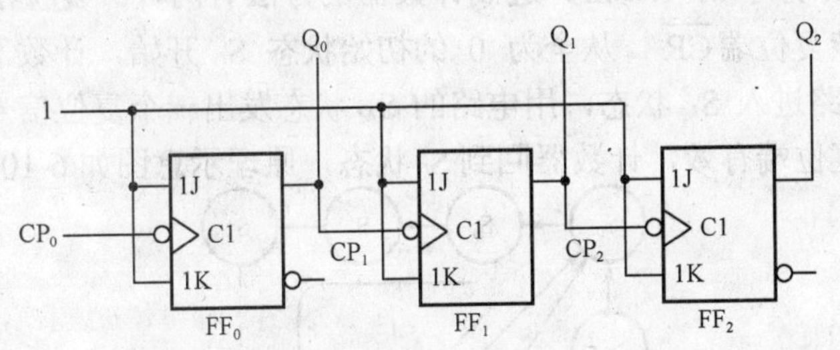

图 6-6 异步 3 位二进制加法计数器的逻辑图

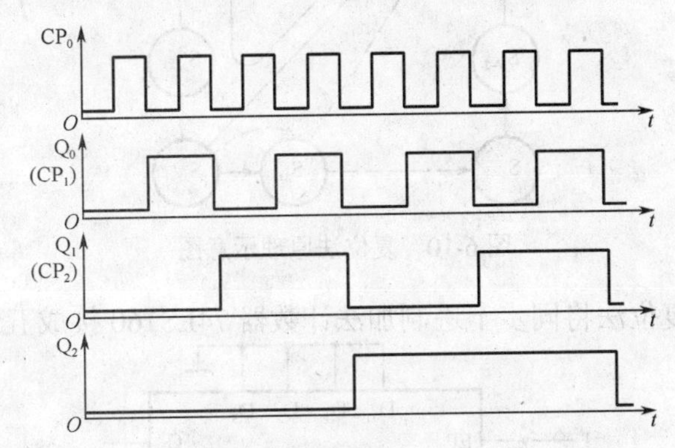

图 6-7 异步 3 位二进制加法计数器的时序图

由图 6-7 可见，该计数器在计数过程中是递增计数的，且实现的是八进制。

图 6-8 所示为异步 3 位二进制减法计数器的逻辑图，其时序图如图 6-9 所示。

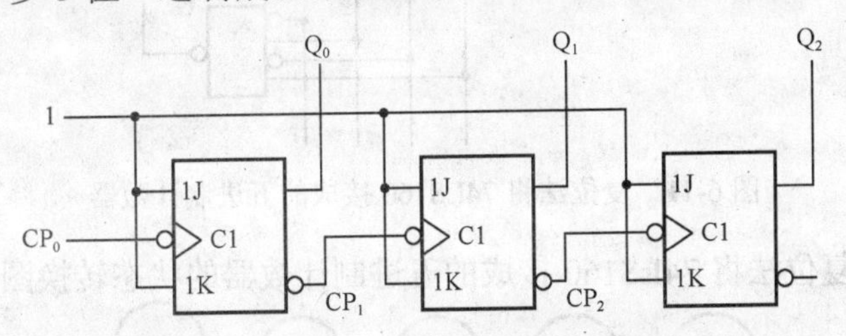

图 6-8 异步 3 位二进制减法计数器的逻辑图

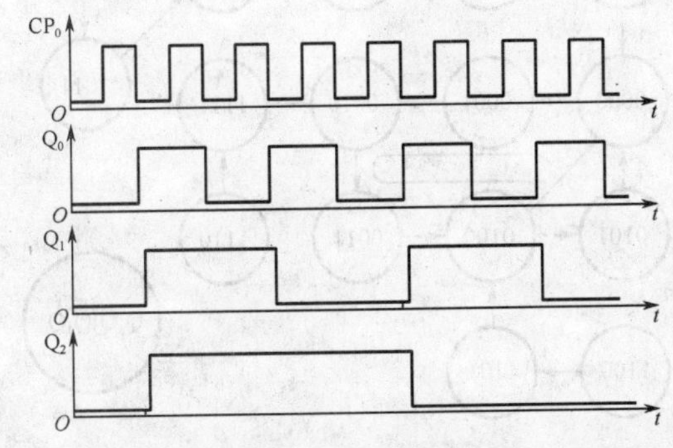

图 6-9 异步 3 位二进制减法计数器的时序图

由图 6-9 可见，该计数器在计数过程中是递减计数的，且实现的是八进制。

3. 任意进制计数器的实现

N 进制计数器实现为 *M*（*N*>*M*）进制计数器的方法有两种：复位法和置位法。复位法的原理是：利用异步复位端$\overline{CR}$，从全为 0 的初始状态 S_0 开始，计数器接收计数脉冲，接收到 *M* 个脉冲，电路进入 S_M 状态，用电路的 S_M 状态发出一个复位信号，送给计数器的异步复位端，使异步复位端有效，计数器回到 S_0 状态，原理示意图如 6-10 所示。

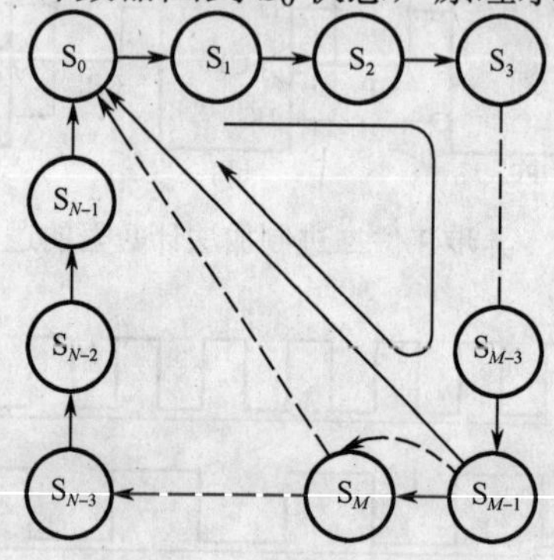

图 6-10　复位法原理示意图

图 6-11 所示为用复位法将同步十进制加法计数器 74LS160 接成五进制计数器。

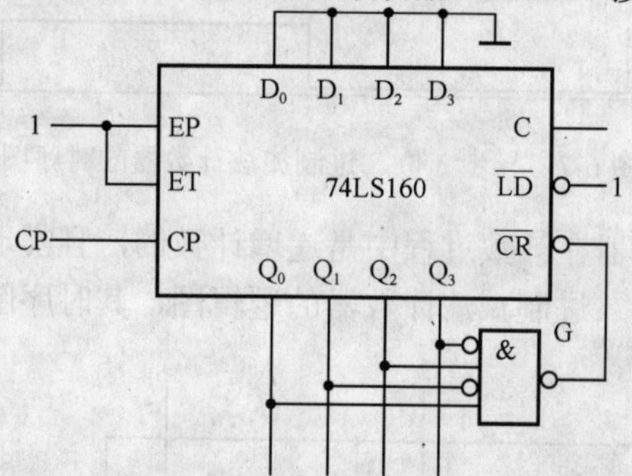

图 6-11　复位法将 74LS160 接成的五进制计数器

图 6-11 所示用复位法将 74LS160 接成的五进制计数器的状态转换图如图 6-12 所示。

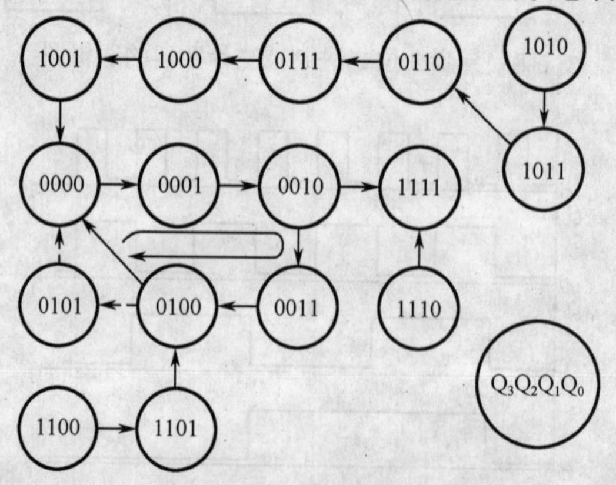

图 6-12　复位法接成的五进制计数器的状态转换图

置位法的原理是：利用预置数控制端$\overline{LD}$，从电路的任意状态 S_i 开始，计数器接收计数脉冲，接收到第 M-1 个脉冲时，电路进入 S_{i+M-1} 状态，用电路的 S_{i+M-1} 状态发出一个置位信号，将电路预置成 S_i 状态即可，置位法的接法并不唯一。

图 6-13 所示为用置位法将同步十进制加法计数器 74LS160 接成五进制计数器。

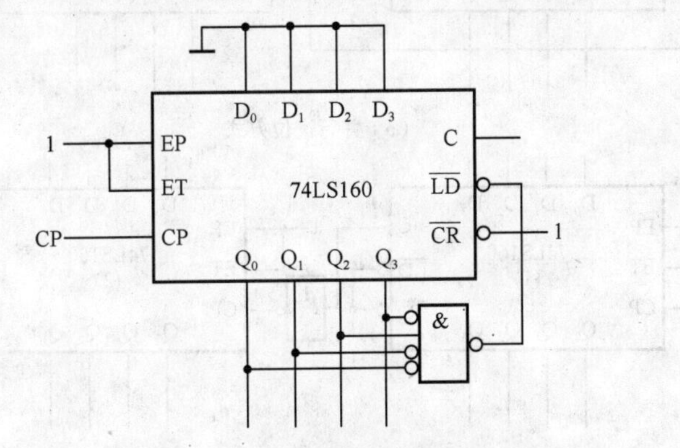

图 6-13　置位法将 74LS160 接成的五进制计数器

图 6-13 所示用置位法将 74LS160 接成的五进制计数器的状态转换图如图 6-14 所示。

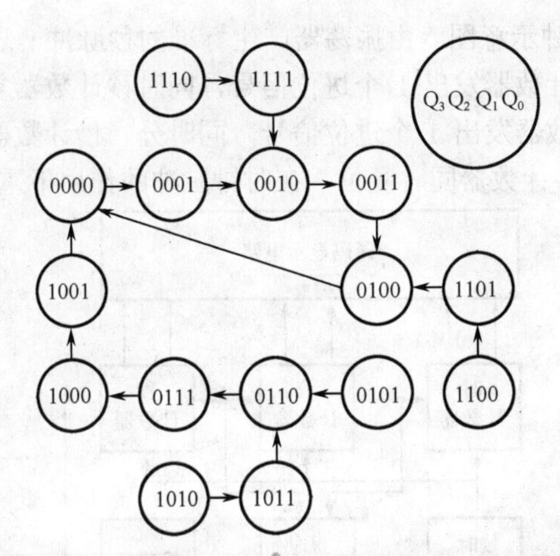

图 6-14　置位法接成的五进制计数器的状态转换图

6.1.2　计数器的扩展及应用

1. 计数器的扩展

用两片 74LS160 可以接成百进制计数器，如图 6-15 所示。

将两片 74LS160 接成百进制计数器后，可以用置位法和复位法接成百进制以内计数器。

2. 计数器的应用

计数器是应用最为广泛的时序逻辑电路，常用于数字系统的计时、定时、延时、分频及构成顺序脉冲发生器等。下面简单介绍计数器的几种应用。

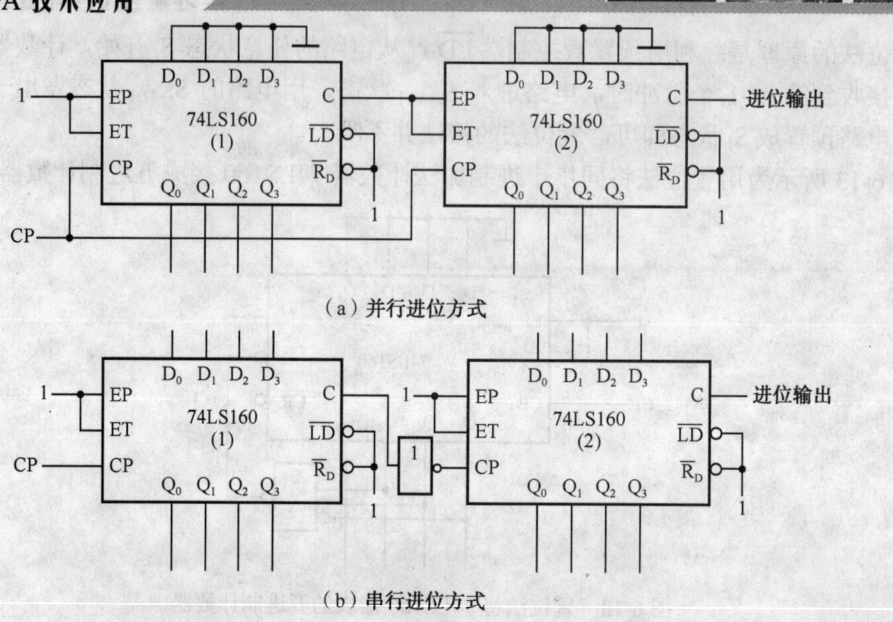

图 6-15　用两片 74LS160 接成的百进制计数器

1）数字钟

图 6-16 所示是数字钟示意图。由振荡器产生标准的秒脉冲，送入秒计数器。当秒计数器计满 60 个脉冲，向分计数器发出 1 个进位信号，同时秒计数器复位。同理，当分计数器计满 60 个脉冲，向时计数器发出 1 个进位信号，同时分、秒计数器均复位；当时计数器计满 24 个脉冲，时、分、秒计数器同时复位，在时钟脉冲的作用下重新开始计时。

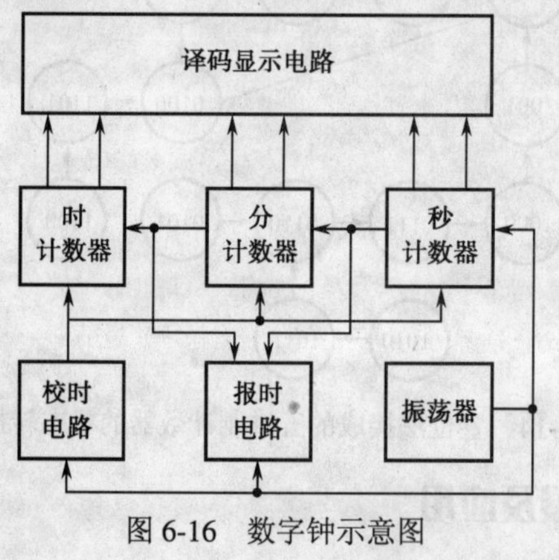

图 6-16　数字钟示意图

2）药丸自动灌装生产线

图 6-17 所示是药丸自动灌装生产线的简化示意图。通过按键开关设定每瓶应装药丸数。利用光电原理对进瓶的药丸计数，当计数值与设定值相等时可指令装瓶停止，推动传送带前移，并将计数器清零，重新开始计数。

3）顺序脉冲发生器

顺序脉冲发生器能够产生一组在时间上有先后顺序的脉冲，用这组脉冲去控制控制器产生各种控制信号，以便控制系统按照事先规定的顺序进行一系列操作，又称为节拍脉冲

发生器。顺序脉冲发生器可由移位寄存器构成，也可由计数器和译码器组成。

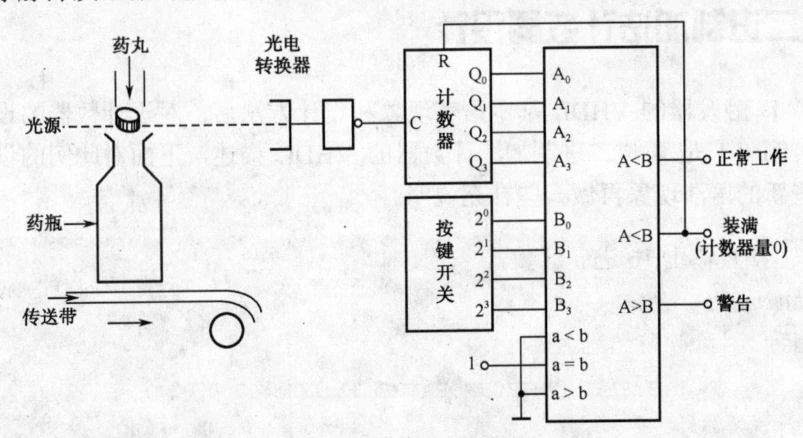

图 6-17 药丸自动灌装生产线示意图

由计数器和译码器构成的顺序脉冲发生器如图 6-18 所示。

图 6-18 所示顺序脉冲发生器是由同步 4 位二进制加法计数器 74LS161 和 3 线-8 线译码器 74LS138 构成的。图中将 74LS161 的输出端 Q_2、Q_1、Q_0 接至 74LS138 的 3 个输入端 A_2、A_1、A_0。由于 74LS161 的 $\overline{R}_D=\overline{LD}=1$，EP=ET=1，所以 74LS161 处于计数状态。随着时钟脉冲 CP 的不断输入，计数器输出端 Q_2、Q_1、Q_0 会依次输出 000、001、…、111，送到 74LS138 的 3 个输入端 A_2、A_1、A_0，经过译码器译码后，就依次在 $\overline{P}_0$、$\overline{P}_1$、…、$\overline{P}_7$ 端输出 1 个负脉冲，并且每经过 8 个脉冲，状态出现 1 次循环，时序图如图 6-19 所示。

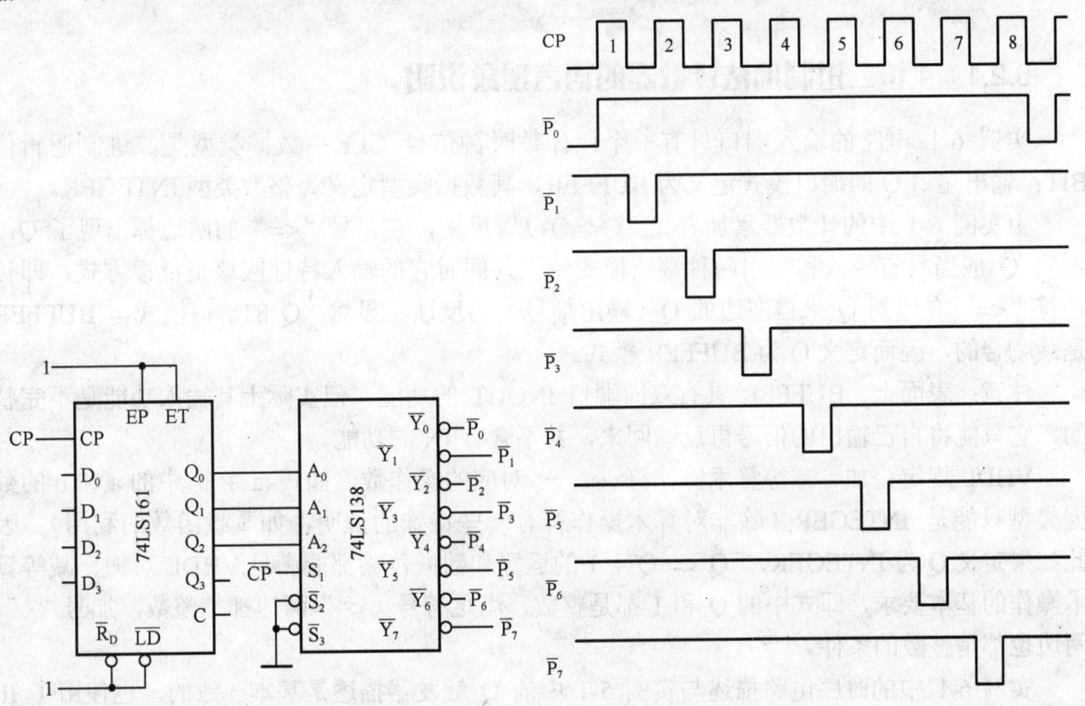

图 6-18 由计数器和译码器构成的顺序脉冲发生器

图 6-19 由计数器和译码器构成的顺序脉冲发生器的时序图

6.2　4 位二进制加法计数器设计

在了解了 D 触发器的 VHDL 基本语言现象和设计方法后，对于计数器的设计就比较容易理解了。实例 6-1 是 4 位二进制加法计数器的 VHDL 描述，下面对此例的设计原理和例中出现的一些新的语法现象再做一些补充说明。

实例 6-1　整数输出 16 进制计数器。

```
ENTITY CNT4 IS
  PORT ( CLK : IN BIT ;
          Q  : BUFFER INTEGER RANGE 15 DOWNTO 0  ) ;
END ;
ARCHITECTURE bhv OF CNT4 IS
  BEGIN
  PROCESS (CLK)
   BEGIN
     IF  CLK'EVENT AND CLK = '1'  THEN
      Q <= Q + 1 ;
     END IF;
  END PROCESS ;
END bhv;
```

6.2.1　4 位二进制加法计数器的语言现象说明

实例 6-1 电路的输入端口只有一个：计数时钟信号 CLK；数据类型是二进制逻辑位 BIT；输出端口 Q 的端口模式定义为 BUFFER，其数据类型定义为整数类型 INTEGER。

由实例 6-1 中的计数器累加表式“Q<=Q+1”可见，在符号“<=”的两边都出现了 Q，表明 Q 应当具有输入和输出两种端口模式特性，同时它的输入特性应该是反馈方式，即传输符“<=”右边的 Q 来自左边的 Q（输出信号）的反馈。显然，Q 的端口模式与 BUFFER 是最吻合的，因而定义 Q 为 BUFFER 模式。

注意：表面上，BUFFER 具有双向端口 INOUT 的功能，但实际上其输入功能是不完整的，它只能将自己输出的信号再反馈回来，并不含有 IN 的功能。

VHDL 规定：加、减等算术操作符 +、－ 对应的操作数，如式 a + b 中的 a 和 b 的数据类型只能是 INTEGER（除非对算术操作符有一些特殊的说明，如重载函数的利用）。因此如果定义 Q 为 INTEGER， Q <= Q + 1 的运算和数据传输都能满足 VHDL 对加、减等算术操作的基本要求，即式中的 Q 和 1 都是整数，满足符号“<=”两边都是整数，加号“+”两边也都是整数的条件。

实例 6-1 中的时序电路描述与实例 5-1 中的 D 触发器描述是基本一致的，也使用了 IF 语句的不完整描述，使得当不满足时钟上升沿条件，即“CLK'EVENT AND CLK='1'”表述的返回值是“false”时，不执行语句“Q<=Q+1“，即将上一时钟上升沿的赋值 Q+1 仍保

留在左面的 Q 中，直到满足检测到 CLK 的新的上升沿才得以更新数据。

注意：表式“Q<=Q+1”的右项与左项并非处于相同的时刻内，对于时序电路，除了传输延时外，前者的结果出现于当前时钟周期；后者，即左项要获得当前的 Q + 1，需等待下一个时钟周期。

6.2.2　整数类型

整数类型 INTEGER 的元素包含正整数、负整数和零。在 VHDL 中，整数的取值范围是-2147483647～+2147483647，即可用 32 位有符号的二进制数表示。

注意：通常 VHDL 仿真器将 INTEGER 类型作为有符号数处理，而 VHDL 综合器则将 INTEGER 作为无符号数处理。在使用整数时，VHDL 综合器要求必须使用“RANGE”子句为所定义的数限定范围，然后根据所限定的范围来决定表示此信号或变量的二进制数的位数，因为 VHDL 综合器无法综合未限定范围的整数类型的信号或变量。

实例 6-1 中的语句：

```
Q : BUFFER INTEGER RANGE 15 DOWNTO 0;
```

即限定 Q 的取值范围是 0～15，共 16 个值，可用 4 位二进制数来表示。因此，VHDL 综合器将 Q 综合成由四条信号线构成的总线式信号：Q（3）、Q（2）、Q（1）和 Q（0）。

整数常量的书写方式示例如下：

1　十进制整数
0　十进制整数
35　十进制整数
10E3　十进制整数，等于十进制整数 1000
16#D9#　十六进制整数，等于十六进制整数 D9H
8#720#　八进制整数，等于八进制整数 720O
2#11010010#　二进制整数，等于二进制整数 11010010B

注意：在语句中，整数的表达不加引号，如 1、0、25 等；而逻辑位的数据必须加引号，如'1'、'0'、"10"、"100111"。

自然数类型 NATURAL 是整数类型的一个子类型，它包含 0 和所有正整数。如果对实例 6-1 的 Q 定义为 NATURAL 类型，综合的结果不变，语句可表达为

```
Q : BUFFER NATURAL RANGE 15 DOWNTO 0;
```

正整数类型 POSITIVE 也是整数类型的一个子类型，它只比 NATURAL 类型少一个 0。尽管如此，对于许多综合器来说，如果定义上例的 Q 为“POSITIVE RANGE 15 DOWNTO 0”，仍然能综合出相同的计数器电路来。与 BIT、BIT_VECTOR 一样，数据类型 INTEGER、NATURAL 和 POSITIVE 都定义在 VHDL 标准程序包 STANDARD 中。由于是默认打开的，所以在实例 6-1 中，没有以显式打开 STD 库和程序包 STANDARD。

6.2.3　计数器设计的其他表述方法

实例 6-2 是一种更为常用的计数器表达方式，在表述形式上比实例 6-1 更接近实例 5-1，主要表现在电路所有端口的数据类型都定义为标准逻辑位或位矢量，且定义了中间节点信

号。这种设计方式的好处是比较容易与其他电路模块接口。

下面讨论其中新的语言现象。

实例 6-2 标准逻辑位矢量输出 16 进制计数器。

```
LIBRARY IEEE ;
USE IEEE.STD_LOGIC_1164.ALL ;
USE IEEE.STD_LOGIC_UNSIGNED.ALL ;
ENTITY CNT4 IS
PORT ( CLK : IN STD_LOGIC ;
         Q  : OUT STD_LOGIC_VECTOR(3 DOWNTO 0)  ) ;
END ;
ARCHITECTURE bhv OF CNT4 IS
SIGNAL Q1 : STD_LOGIC_VECTOR(3 DOWNTO 0);
BEGIN
  PROCESS (CLK)
  BEGIN
     IF  CLK'EVENT AND CLK = '1'  THEN
        Q1 <= Q1 + 1 ;
     END IF;
  END PROCESS ;
     Q <= Q1 ;
END bhv;
```

与实例 6-1 相比，此例有如下一些新的内容：

（1）输入信号 CLK 定义为标准逻辑位 STD_LOGIC，输出信号 Q 的数据类型明确定义为 4 位标准逻辑位矢量 STD_LOGIC_VECTOR(3 DOWNTO 0)。因此，必须利用 LIBRARY 语句和 USE 语句，打开 IEEE 库的程序包 STD_LOGIC_1164。

（2）Q 的端口模式是 OUT。由于 Q 没有输入的端口模式特性，所以 Q 不能像实例 6-1 那样直接用在表式“Q<=Q+1”中。但考虑到计数器必须建立一个用于计数累加的寄存器，所以在计数器内部先定义一个信号 SIGNAL（类似于节点），语句表达上可以在结构体的“ARCHITECTURE”和“BEGIN”之间定义一个信号，其用意和定义方式与实例 5-1 中对 Q1 的定义相同，即“SIGNAL Q1 : STD_LOGIC_VECTOR(3 DOWNTO 0);”由于 Q1 是内部的信号，不必像端口信号那样需要定义它们的端口模式，即 Q1 的数据流动是不受方向限制的，所以可以在“Q1<=Q1+1”中用信号 Q1 来完成累加的任务，然后将累加的结果用表述“Q<=Q1”向端口 Q 输出。于是在实例 6-2 的不完整的 IF 条件语句中，Q1 变成了内部加法计数器的数据端口。

（3）考虑到 VHDL 不允许在不同数据类型的操作数间进行直接操作或运算，而表述“Q1<=Q1+1”中数据传输符“<=”右边加号的两个操作数分属不同的数据类型：Q1（逻辑矢量）+1（整数），不满足算术符“+”对应的操作数必须是整数类型，且相加和也为整数类型的要求，因此必须对 “Q1<=Q1+1”中的加号“+”赋予新的功能，以便使之允许不同

数据类型的数据可以相加，且相加和必须为标准逻辑矢量。

方法之一就是调用一个函数，以便赋予加号“+”具备新的数据类型的操作功能，这就是所谓的运算符重载，这个函数称为运算符重载函数。

为了方便各种不同数据类型间的运算操作，VHDL 允许用户对原有的基本操作符重新定义，赋予新的含义和功能，从而建立一种新的操作符。

事实上，VHDL 的 IEEE 库中的 STD_LOGIC_UNSIGNED 程序包中预先定义的操作符如“+”、“－”、“*”、“=”、“>=”、“<=”、“>”、“<”、“/=”、“AND”和“MOD”等，对相应的数据类型 INTEGRE、STD_LOGIC 和 STD_LOGIC_VECTOR 的操作做了重载，赋予了新的数据类型操作功能，即通过重新定义运算符的方式，允许被重载的运算符能够对新的数据类型进行操作，或者允许不同的数据类型之间用此运算符进行运算。

实例 6-2 中第 3 行使用语句：

```
USE IEEE.STD_LOGIC_UNSIGNED.ALL;
```

的目的就在于此。使用此程序包就是允许当遇到此例中的+号时，调用+号的算符重载函数。

实例 6-1 和实例 6-2 的综合结果是相同的，其 RTL 电路如图 6-20 所示，其工作时序如图 6-21 所示，图中的 Q 显示的波形是以总线方式表达的，其数据格式是十六进制，是 Q（3）、Q（2）、Q（1）和 Q（0）时序的迭加，如 16 进制数值“A”即为“1010”。

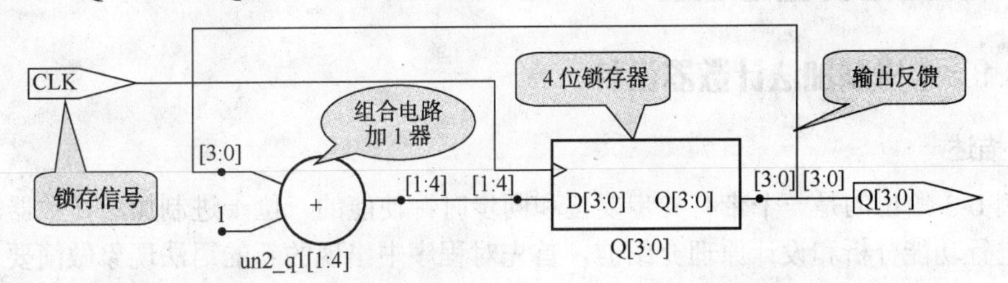

图 6-20　4 位加法计数器 RTL 电路（Synplify 综合）

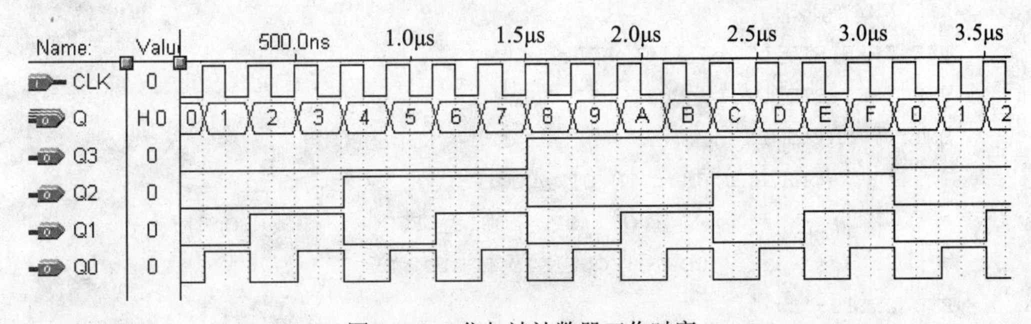

图 6-21　4 位加法计数器工作时序

由图 6-20 可知，4 位加法计数器由两大部分组成：

（1）完成加 1 操作的纯组合电路加法器。它右端输出的数始终比左端给的数多 1，如输入为“1001”，则输出为“1010”。因此换一种角度看，此加法器等同于一个译码器，它完成的是一个二进制码的转换功能，其转换的时间就是此加法器的运算延迟时间。

（2）4 位边沿触发方式锁存器。这是一个纯时序电路，计数信号 CLK 实际上是其锁存允许信号。

此外在输出端还有一个反馈通道，它一方面将锁存器中的数据向外输出，另一方面将此数反馈回加 1 器，以作为下一次累加的基数。不难发现，尽管实例 6-1 和实例 6-2 中设定的输出信号的端口模式是不同的，前者是 BUFFER，而后者是 OUT，但综合后的输出电路结构是相同的，这表明缓冲模式 BUFFER 并非某种特定端口电路结构，它只是对端口具有某种特定工作方式的描述。对此，BUFFER 与其他 3 种端口模式有较大的不同，读者应注意体会。

从表面上看，计数器仅对 CLK 的脉冲进行计数，但电路结构却显示了 CLK 的真实功能只是锁存数据，而真正完成加法操作的是组合电路加 1 器。从电路优化的角度看，4 位锁存器只是由 4 个基本的 D 触发器组成的，它是 FPGA 器件最底层的电路结构，或是 ASIC 设计中标准单元库中仅次于版图级的标准单元基本元件。因此，就 VHDL 描述层次来说，它的电路结构优化范围比较小，对于特定的硬件电路、器件规格或 ASIC 设计工艺，无论在速度还是资源面积方面，锁存器的优化潜力都比较有限。由此可见，真正决定计数器工作性能的是其中的加法器。由纯组合电路构成的加法器在电路结构、进位方式和资源利用等多个侧面的优化还有许多工作可做。

6.3 一般加法计数器设计

6.3.1 十进制加法计数器设计

1. 描述

实例 6-3 给出的是一个带有异步复位和同步时钟使能的一位十进制加法计数器。在对此计数器进行功能分析和设计原理介绍前，首先对程序中出现的新的语法现象做简要说明。

实例 6-3 有进位输出的 10 进制计数器。

```
LIBRARY IEEE;
USE IEEE.STD_LOGIC_1164.ALL;
USE IEEE.STD_LOGIC_UNSIGNED.ALL;
ENTITY CNT10 IS
    PORT (CLK,RST,EN : IN STD_LOGIC;
                CQ : OUT STD_LOGIC_VECTOR(3 DOWNTO 0);
                COUT : OUT STD_LOGIC  );
END CNT10;
ARCHITECTURE behav OF CNT10 IS
BEGIN
   PROCESS(CLK, RST, EN)
    VARIABLE  X : STD_LOGIC_VECTOR(3 DOWNTO 0);
   BEGIN
     IF RST = '1' THEN   X := (OTHERS =>'0') ;     --计数器异步复位
```

```
        ELSIF CLK'EVENT AND CLK='1' THEN                --检测时钟上升沿
         IF EN = '1' THEN                          --检测是否允许计数（同步使能）
           IF X < 9 THEN  X := X + 1;          --允许计数，检测是否小于 9
             ELSE   X := (OTHERS =>'0');          --大于 9，计数值清零
           END IF;
         END IF;
       END IF;
        IF X = 9 THEN COUT <= '1';                   --计数大于 9，输出进位信号
          ELSE   COUT <= '0';
        END IF;
          CQ <= X;        --将计数值向端口输出
    END PROCESS;
  END behav;
```

2 十进制加法计数器的语言现象说明

1）变量

变量 VARIABLE 与信号 SIGNAL 一样，都属于数据对象，在此程序中的功能与信号相似。但变量的赋值符号与信号的赋值符号是不同的，信号的赋值符号是“<=”，而变量的赋值符号是“:=”。例如 a 为变量，对其赋值可以写为“a:= '1'”。

示例中的语句：“VARIABLE X : STD_LOGIC_VECTOR(3 DOWNTO 0)”，定义标识符 X 为变量 VARIABLE ，其数据类型是 4 元素的标准逻辑矢量。变量的功能主要用于数据的暂存。

2）省略赋值操作符(OTHERS=>X)

实例 6-3 中的“X: =(OTHERS=>'0')”等效于向变量 X 赋值“0000”，即

```
  X := "0000" ;
```

为了简化表达才使用短语“(OTHERS=>X)”，这是一个省略赋值操作符，它可以在较多位的位矢量赋值中做省略化的赋值，如以下语句：

```
      SIGNAL    d1  : STD_LOGIC_VECTOR(4 DOWNTO 0);
      VARIABLE  a1  : STD_LOGIC_VECTOR(15 DOWNTO 0);
       ...
      d1 <= (OTHERS=>'0');   a1 := (OTHERS=>'0') ;
```

这条语句等同于“d1<="00000"；a1:= "0000000000000000"”。其优点是在给大的位矢量赋值时简化了表述、明确了含义，这种表述与位矢量长度无关。

利用“(OTHERS=>X)”还可以给位矢量的某一部分位赋值之后再使用 OTHERS 给剩余的位赋值，如“d2 <= (1=>'1'，4=>'1'，OTHERS=>'0')”，此句的意义是给位矢量 d2 的第 1 位和第 4 位赋值为'1',而其余位赋值为'0'。

下例是用省略赋值操作符 “(OTHERS=>X)” 给 c1 赋其他信号的值：

```
    C1 <= (1=>e(3),3=>e(5), OTHERS=>e(1) );
```

这个矢量赋值语句也可以改写为下面的使用连接符的语句（假设 c1 的长度为 5 位）：

```
    C1 <= e(1) & e(5) & e(1) & e(3) & e(1) ;
```

显然，利用“(OTHERS=>X)”的描述方法要优于用“&”的描述方法，因为后者的缺点是赋值依赖于矢量的长度，当长度改变时必须重新排序。

3. 十进制加法计数器程序分析

实例 6-3 描述的是一个带有异步复位和同步时钟使能的十进制加法计数器，这种计数器有许多实际的用处。所谓同步或异步，都是相对于时钟信号而言的。不依赖于时钟而有效的信号称为异步信号，否则就称为同步信号。

实例 6-3 的进程语句中含有两个独立的 IF 语句，第一个 IF 语句是非完整性条件语句，因而将产生计数器时序电路；第二个 IF 语句产生一个纯组合逻辑的多路选择器。

从结构上讲，更一般的表述是将这两个独立的 IF 语句用两个独立的进程语句来表达，一个为时序进程（或称时钟进程）；另一个为组合进程。读者不妨对此类表述试一下。

实例 6-3 程序功能是这样的：当时钟信号 CLK、复位信号 RST 或时钟使能信号 EN 中任意一信号发生变化，都将启动进程语句 PROCESS。此时如果 RST 为'1'，将对计数器清零，即复位。这项操作是独立于 CLK 的，因而称异步；如果 RST 为'0'，则看是否有时钟信号的上升沿；如果此时有 CLK 信号，又测得 EN='1'，即允许计数器计数，此时若满足计数值小于 9，即 X<9，计数器将进行正常计数，即执行语句“X:=X+1”，否则对 X 清零。但如果测得 EN='0'，则跳出 IF 语句，使 X 保持原值，并将计数值向端口输出“CQ<=X”。

第二个 IF 语句的功能是当计数器 X 的计数值达到 9 时，输出高电平，作为十进制计数的进位溢出信号，而当 X 为其他值时，输出低电平'0'。

此外从此例可以注意到，为了形成内部的寄存器时序电路，将 X 定义为变量，而没有按通常的方法定义成信号。虽然变量的一般功能是作为进程中数据的暂存单元（这主要针对 VHDL 仿真而言的，对于 VHDL 综合不完全是这样），但不完整的 IF 条件语句中，变量赋值语句“X:=X+1”同样能综合出时序电路。

读者可能已从此例注意到，在 IF 的条件语句“X<9”和“X=9”的比较符号两边都出现了数据类型不相同的现象，这只能通过自动调用程序包 STD_LOGIC_UNSIGNED 中的运算符重载函数才能解决。

实例 6-3 综合的 RTL 电路图如图 6-22 所示，电路含有比较器、组合电路加 1 器、2 选 1 多路选择器、4 位锁存器各一个及两个与门。

语句与图 6-22 中电路器件的对应情况如下：

（1）第一个 IF 语句中的条件句“IF X<9 THEN”构成了比较器；

（2）语句“IF RST='1' THEN X:= (OTHERS=>'0')”构成 RST 在锁存器上的异步清零端“R”；

（3）语句“ELSE X:=(OTHERS=>'0')”构成 2 选 1 的多路选择器；

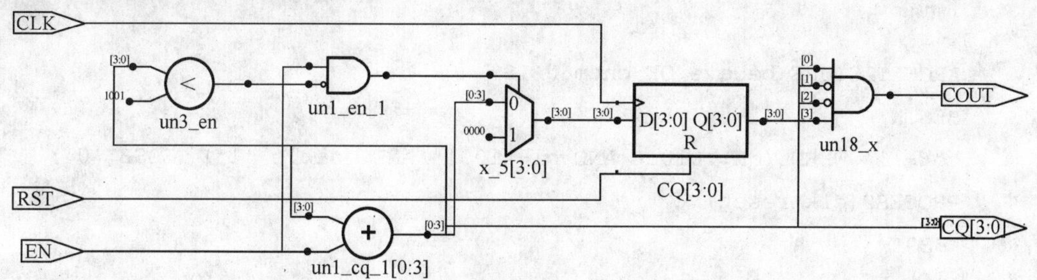

图 6-22　例 6-3 的 RTL 电路（Synplify 综合）

（4）语句“IF EN='1'THEN”构成了 2 输入的与门；

（5）不完整的条件语句与语句“X:=X+1”构成了加法器和锁存器；

（6）第二个 IF 语句构成了 4 输入与门。

图 6-23 所示是实例 6-3 描述的电路的工作时序。由分析可知：

（1）当 RST 为高电平，EN 为低电平时，CQ 输出为 0，即计数清零，并禁止计数；

（2）当 RST 为低电平，EN 为高电平时，每一个 CLK 的上升沿后，CQ 输出加 1，而当 CQ 输出为 9 时，COUT 输出高电平进位信号；

（3）当 EN 为低电平时，计数器保持原有的计数“2”，当 EN 为高电平则继续计数。

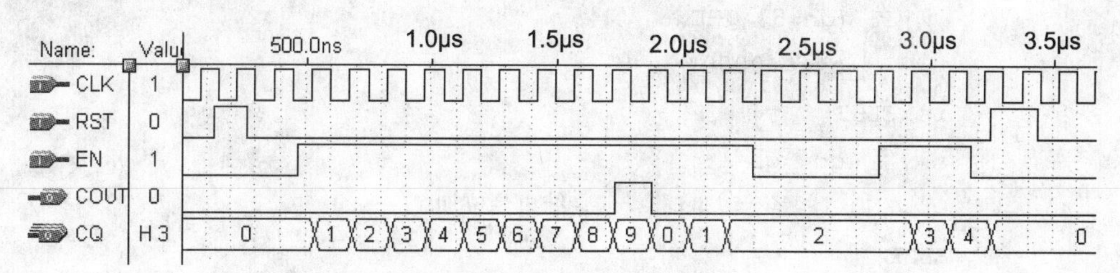

图 6-23　例 6-3 的工作时序

6.3.2　六十进制加法计数器设计

实例 6-3 是一个十进制加法计数器，输出从 0～9 循环，每循环一次进位输出为 1。而实例 6-4 将给出一个六十进制计数器的 VHDL 描述，其功能表见表 6-4。

实例 6-4　有清零、预置、使能的 60 进制计数器。

```
LIBRARY IEEE;
USE  IEEE.STD_LOGIC_1164.ALL;
USE  IEEE.STD_LOGIC_UNSIGNED.ALL;

ENTITY cntm60 IS
 PORT( enable,reset,load,clk : IN  STD_LOGIC ;
                         d: IN  STD_LOGIC_VECTOR(7 DOWNTO 0) ;
                        co: OUT STD_LOGIC;
                     qh,ql: BUFFER STD_LOGIC_VECTOR(3 DOWNTO 0) ) ;
END  cntm60;
```

```
ARCHITECTURE behave OF cntm60 IS
BEGIN
co<='1' WHEN (qh="0101" AND ql="1001" AND enable='1')  ELSE '0';
PROCESS(clk,reset)
 BEGIN
   IF (reset='0') THEN
     qh <=  "0000";
     ql <=  "0000";
   ELSIF (clk 'EVENT AND clk='1') THEN
     IF (load ='1' ) THEN
        qh <= d(7 downto 4);
        ql <= d(3 downto 0);
     ELSIF (enable='1')  THEN
        IF (ql=9) then
            ql<="0000";
            IF (qh=5) THEN
                qh<="0000";
            ELSE
                qh<=qh+1;
            END IF;                 --结束高位加 1
        ELSE
            ql<=ql+1;
        END IF;                     --结束低位加 1
END IF;                        --结束预置
END IF;                          --结束清零
END PROCESS;
END  behave;
```

表 6-4　六十进制计数器的功能表

reset	load	clk	enable	D	Q	功能
0	*	*	*	*	00	异步清零
1	1	↑	*	D	D	同步预置
1	0	↑	1	*	Q+1	使能计数

实例 6-4 描述的是一个六十进制计数器，有清零、预置、使能计数等功能。其中清零优先最高，预置次之，使能计数级别最低。此例中有个位和十位两位输出，分别是 ql 和 qh。所以不但要注意控制信号的 IF 条件处理，同时个位和十位之间的进位的关系也

要用语句实现。

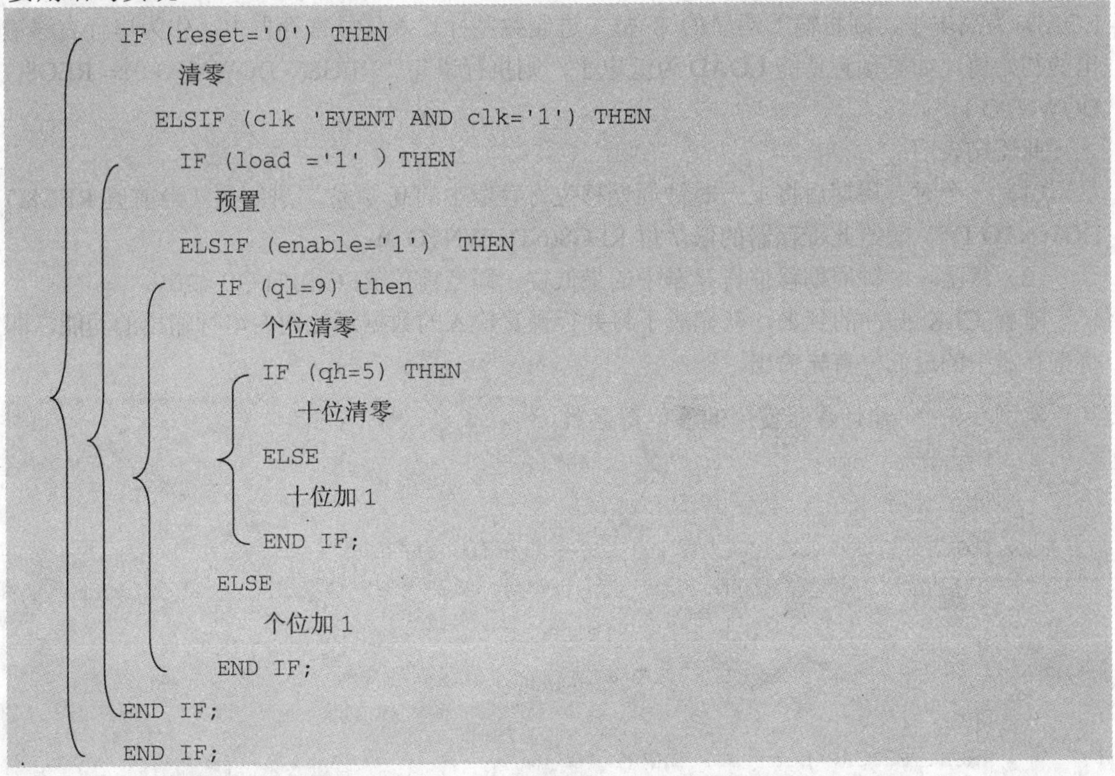

```
IF (reset='0') THEN
    清零
  ELSIF (clk 'EVENT AND clk='1') THEN
    IF (load ='1' ) THEN
      预置
    ELSIF (enable='1')  THEN
      IF (ql=9) then
        个位清零
        IF (qh=5) THEN
          十位清零
        ELSE
          十位加 1
        END IF;
      ELSE
        个位加 1
      END IF;
END IF;
END IF;
```

由上述结构可以看出，4 个 IF 语句分别完成十位计数 0~5 循环、个位计数 0~9 循环、预置、清零等功能，且满足异步同步是否需要 clk 配合等要求。

实例 6-4 中，还有一个进位输出端，语句“co<='1' WHEN (qh="0101" AND ql="1001" AND enable='1') ELSE '0';”可以很清楚看出当输出为 59 时，co 出 1，不然为 0。实例 6-4 的工作时序如图 6-24 所示。

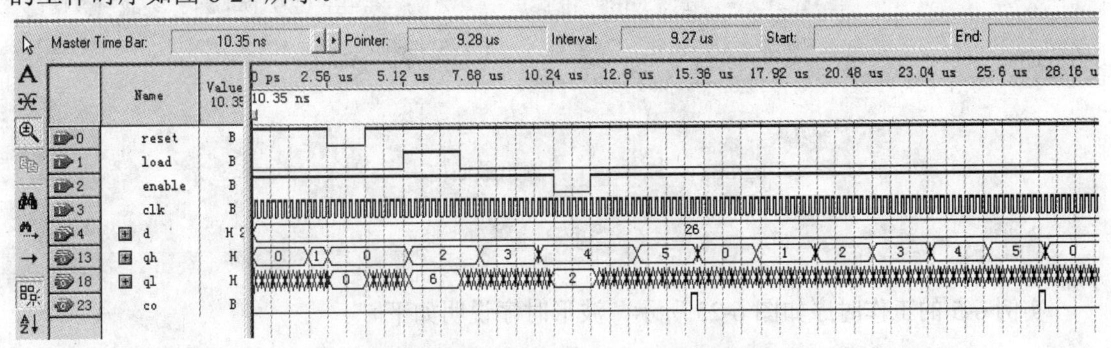

图 6-24 实例 6-4 的工作时序

6.3.3 可作计数器使用的移位寄存器设计

下面再介绍另一种类型的有实用意义的时序电路。

实例 6-5 是一个带有同步并行预置功能的 8 位右移移位寄存器。CLK 是移位时钟信号，DIN 是 8 位并行预置数据端口，LOAD 是并行数据预置使能信号，QB 是串行输出端口。

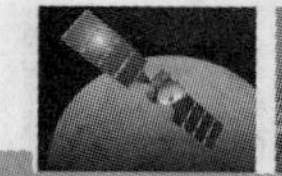

此移位寄存器的工作原理是：当 CLK 的上升沿到来时进程被启动，如果这时预置使能 LOAD 为高电平，则将输入端口的 8 位二进制数并行置入移位寄存器中，作为串行右移输出的初始值；如果预置使能 LOAD 为低电平，则执行语句“REG8(6 DOWNTO 0):= REG8(7 DOWNTO 1)”。

此语句表明：

（1）一个时钟周期后将上一时钟周期移位寄存器中的高 7 位二进制数（当前值 REG8(7 DOWNTO 1) ）赋给此寄存器的低 7 位 REG8(6 DOWNTO 0);

（2）将上一时钟周期移位寄存器中的最低位，即当前值 REG(0)向 QB 输出。

随着 CLK 脉冲的到来，就完成了将并行预置输入的数据逐位向右串行输出的功能，即将寄存器中的最低位首先输出。

实例 6-5 可作计数器使用的移位寄存器。

```
LIBRARY IEEE;
USE IEEE.STD_LOGIC_1164.ALL;
ENTITY SHFRT IS                    -- 8位右移寄存器
   PORT (  CLK, LOAD : IN STD_LOGIC;
                 DIN : IN STD_LOGIC_VECTOR(7 DOWNTO 0);
                  QB : OUT STD_LOGIC  );
END SHFRT;
ARCHITECTURE behav OF SHFRT IS
   BEGIN
   PROCESS (CLK, LOAD)
     VARIABLE REG8 : STD_LOGIC_VECTOR(7 DOWNTO 0);
   BEGIN
        IF CLK'EVENT AND CLK = '1' THEN
           IF LOAD = '1' THEN  REG8 := DIN;  --由（LOAD='1'）装载新数据
              ELSE  REG8(6 DOWNTO 0) := REG8(7 DOWNTO 1);
END IF;
        END IF;
           QB <= REG8(0);         -- 输出最低位
   END PROCESS;
END behav;
```

实例 6-5 的工作时序如图 6-25 所示，波形时序说明如下。

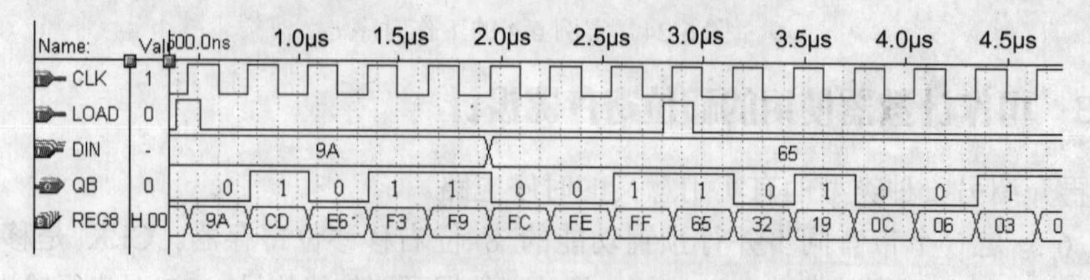

图 6-25 实例 6-5 的工作时序

在第 1 个时钟到来时，LOAD 恰为高电平，此时 DIN 口上的 8 位数据 9A，即“10011010”被锁入 REG8 中。

第 2 个时钟以及以后的时钟信号都是移位时钟。但应该注意的是，由于例 6-5 中赋值语句“QB<=REG8(0)”在 IF 语句结构的外面，所以它的执行并不需要当前的时钟信号，这属于异步方式。即在当前的时钟信号到来前，由于 IF 语句不满足时钟条件而跳出 IF 语句，于是便执行其后的语句“QB<=REG8(0)”。这一点可以从图 6-25 中清楚地看出：在第一个执行并行数据加载的时钟后，QB 即输出了被加载的第 1 位右移数'0'，而此时的 REG8 内仍然是“9A”。

第 2 个时钟后，QB 输出了右移出的第 2 个位'1'，此时的 REG8 内变为“CD”，其最高位被填为'1'。如此进行下去，直到第 8 个 CLK 后，右移出了所有 8 位二进制数，最后一位是'1'，此时 REG8 内是“FF”，即全部被 DIN 的最高位'1'填满。

操作测试 6　任意进制计数器的 VHDL 设计

班级________________　姓名________________　学号________________

1．实验目的

熟悉利用 Quartus II 的 VHDL 输入方法设计计数器，通过仿真过程分析电路功能。

2．功能说明

具有异步清零，同步使能的 N 进制计数器，个位十位分别用十进制数表示。

（N=学号+10，即计数结果从 0 到 N−1，10、20、30、40 的学号+11）

3．实验任务

计数器的设计。

计数器的程序清单

4. 思考题

如果仍是 N 进制计数器，但要求二进制数据显示，程序中又如何改变？

习　题　6

6-1　设计含有异步清零和计数使能的 16 位二进制加减可控计数器。

6-2　根据例 6-5 设计 8 位左移移位寄存器。

6-3　设计带复位与预置功能的六进制加法计数器 CNT6。

6-4　设计带复位与预置功能的十进制加法计数器 CNT10。

6-5　利用前两题设计完成的 CNT6 与 CNT10，设计六十进制加法计数器。

附录A GW48CK/PK2/PK3/PK4 系统万能接插口与结构图信号/芯片引脚对照表

结构图上的信号名	GWAC6 EP1C6/ 12Q240 Cyclone	GWAC3 EP1C3 TC144 Cyclone	GWA2C5 EP2C5 TC144 CycloneII	GWA2C8 EP2C8 QC208 CycloneII	GW2C35 EP2C35 FBGA484C8 CycloneII	WAK30/50 EP1K30/50 TQC144 ACEX	GWXS200 XC3S200 SPARTAN	GWXS200 XC3S200 SPARTAN
	引脚号	引脚号	引脚号	引脚号	引脚号	引脚号	引脚号	引脚号
PIO0	233	1	143	8	AB15	8	5	21
PIO1	234	2	144	10	AB14	9	6	22
PIO2	235	3	3	11	AB13	10	7	24
PIO3	236	4	4	12	AB12	12	8	26
PIO4	237	5	7	13	AA20	13	10	27
PIO5	238	6	8	14	AA19	17	11	28
PIO6	239	7	9	15	AA18	18	12	29
PIO7	240	10	24	30	L19	19	13	31
PIO8	1	11	25	31	J14	20	14	33
PIO9	2	32	26	33	H15	21	15	34
PIO10	3	33	27	34	H14	22	17	15
PIO11	4	34	28	35	G16	23	18	16
PIO12	6	35	30	37	F15	26	20	35
PIO13	7	36	31	39	F14	27	21	36
PIO14	8	37	32	40	F13	28	23	37
PIO15	12	38	40	41	L18	29	24	39
PIO16	13	39	41	43	L17	30	25	40
PIO17	14	40	42	44	K22	31	26	42
PIO18	15	41	43	45	K21	32	27	43
PIO19	16	42	44	46	K18	33	28	44
PIO20	17	47	45	47	K17	36	30	45
PIO21	18	48	47	48	J22	37	31	46
PIO22	19	49	48	56	J21	38	32	48
PIO23	20	50	51	57	J20	39	33	50
PIO24	21	51	52	58	J19	41	35	51
PIO25	41	52	53	59	J18	42	36	52
PIO26	128	67	67	92	E11	65	76	113
PIO27	132	68	69	94	E9	67	77	114
PIO28	133	69	70	95	E8	68	78	115
PIO29	134	70	71	96	E7	69	79	116
PIO30	135	71	72	97	D11	70	80	117
PIO31	136	72	73	99	D9	72	82	119

续表

结构图上的信号名	GWAC6 EP1C6/ 12Q240 Cyclone	GWAC3 EP1C3 TC144 Cyclone	GWA2C5 EP2C5 TC144 CycloneII	GWA2C8 EP2C8 QC208 CycloneII	GW2C35 EP2C35 FBGA484C8 CycloneII	WAK30/50 EP1K30/50 TQC144 ACEX	GWXS200 XC3S200 SPARTAN	GWXS200 XC3S200 SPARTAN
	引脚号	引脚号	引脚号	引脚号	引脚号	引脚号	引脚号	引脚号
PIO32	137	73	74	101	D8	73	83	120
PIO33	138	74	75	102	D7	78	84	122
PIO34	139	75	76	103	C9	79	85	123
PIO35	140	76	79	104	H7	80	86	123
PIO36	141	77	80	105	Y7	81	87	125
PIO37	158	78	81	106	Y13	82	89	126
PIO38	159	83	86	107	U20	83	90	128
PIO39	160	84	87	108	K20	86	92	130
PIO40	161	85	92	110	C13	87	93	131
PIO41	162	96	93	112	C7	88	95	132
PIO42	163	97	94	113	H3	89	96	133
PIO43	164	98	96	114	U3	90	97	135
PIO44	165	99	97	115	P3	91	98	137
PIO45	166	103	99	116	F4	92	99	138
PIO46	167	105	100	117	C10	95	100	139
PIO47	168	106	101	118	C16	96	102	140
PIO48	169	107	103	127	G20	97	103	141
PIO49	173	108	104	128	R20	98	104	143
PIO60	226	131	129	201	AB16	137	130	2
PIO61	225	132	132	203	AB17	138	131	3
PIO62	224	133	133	205	AB18	140	132	4
PIO63	223	134	134	206	AB19	141	135	5
PIO64	222	139	135	207	AB20	142	137	7
PIO65	219	140	136	208	AB7	143	140	9
PIO66	218	141	137	3	AB8	144	141	10
PIO67	217	142	139	4	AB11	7	1	11
PIO68	180	122	126	145	A10	119	129	161
PIO69	181	121	125	144	A9	118	123	156
PIO70	182	120	122	143	A8	117	122	155
PIO71	183	119	121	142	A7	116	119	154
PIO72	184	114	120	141	A6	114	118	152
PIO73	185	113	119	139	A5	113	116	150
PIO74	186	112	118	138	A4	112	113	149
PIO75	187	111	115	137	A3	111	112	148
PIO76	216	143	141	5	AB9	11	2	12

续表

结构图上的信号名	GWAC6 EP1C6/ 12Q240 Cyclone	GWAC3 EP1C3 TC144 Cyclone	GWA2C5 EP2C5 TC144 CycloneII	GWA2C8 EP2C8 QC208 CycloneII	GW2C35 EP2C35 FBGA484C8 CycloneII	WAK30/50 EP1K30/50 TQC144 ACEX	GWXS200 XC3S200 SPARTAN	GWXS200 XC3S200 SPARTAN
	引脚号	引脚号	引脚号	引脚号	引脚号	引脚号	引脚号	引脚号
PIO77	215	144	142	6	AB10	14	4	13
PIO78	188	110	114	135	B5	110	108	147
PIO79	195	109	113	134	Y10	109	107	146
SPEAKER	174	129	112	133	Y16	99	105	144
CLOCK0	28	93	91(CLK4)	23	L1	126	124	184
CLOCK2	153	17	89(CLK6)	132	M1	54	125	203
CLOCK5	152	16	17(CLK0)	131	M22	56	127	204
CLOCK9	29	92	90(CLK5)	130	B12	124	128	205

参 考 文 献

[1] 用 VHDL 设计电子线路．边计年，薛宏熙，译．北京：清华大学出版社，2000．

[2] 黄正谨，徐坚等．CPLD 系统设计技术入门与应用．北京：电子工业出版社，2002．

[3] 蒋璇，臧春华．数字系统设计与 PLD 应用技术．北京：电子工业出版社，2001．

[4] VHDL 设计表示和综合．李宗伯，王蓉晖，译．北京：机械工业出版社，2002．

[5] 孟宪元．可编程 ASIC 集成数字系统．北京：电子工业出版社，1998．

[6] 潘松，赵敏笑．EDA 技术及其应用．北京：科学出版社，2007．

[7] 宋万杰，罗丰，吴顺君．CPLD 技术及其应用．西安：西安电子科技大学出版社，2000．

[8] 王金明，杨吉斌．数字系统设计与 Verilog HDL．北京：电子工业出版社，2002．

[9] 王锁萍．电子设计自动化（EDA）教程．成都：电子科技大学出版社，2000．

[10] 徐志军，徐光辉． CPLD/FPGA 的开发与应用．北京：电子工业出版社，2002．

[11] 曾繁泰，侯亚宁，崔元明．可编程器件应用导论．北京：清华大学出版社，2001．

[12] 朱明程．XILINX 数字系统现场集成技术．南京：东南大学出版社，2001．

[13] Altera Corporation．Altera Digital Library．Altera，2002．

[14] Xilinx Inc．Data Book 2001．Xilinx，2001．

[15] 阎石．数字电子技术基础．北京：高等教育出版社，1998．

[16] 沈任元，吴勇．常用电子元器件简明手册．北京：机械工业出版社，2000．

[17] 沈任元，吴勇．数字电子技术基础．北京：机械工业出版社，2000．